中国地质大学（武汉）实验教学系列教材
中国地质大学（武汉）实验教材项目资助（SJC—202310）
中国地质大学（武汉）珠宝学院GIC系列丛书

有机宝石学实习指导书
YOUJI BAOSHIXUE SHIXI ZHIDAOSHU

李 妍 主编

图书在版编目（CIP）数据

有机宝石学实习指导书/李妍主编．—武汉：中国地质大学出版社，2024.11．—（中国地质大学（武汉）实验教学系列教材）．—ISBN 978-7-5625-6102-6

Ⅰ.TS933.23

中国国家版本馆 CIP 数据核字第 20240U9R10 号

有机宝石学实习指导书			李　妍　主编
责任编辑：张旻玥			责任校对：何澍语
出版发行：中国地质大学出版社（武汉市洪山区鲁磨路388号）			邮政编码：430074
电　　话：(027)67883511　传　真：(027)67883580			E-mail：cbb@cug.edu.cn
经　　销：全国新华书店			http://cugp.cug.edu.cn
开本：787mm×1092mm 1/16		字数：135千字	印张：5.25
版次：2024年11月第1版		印次：2024年11月第1次印刷	
印刷：武汉市籍缘印刷厂			
ISBN 978-7-5625-6102-6			定价：36.00元

如有印装质量问题请与印刷厂联系调换

前　言

有机宝石作为自然界中的瑰宝，部分或全部由有机物质组成，其形成过程和美学特质令人叹为观止，广泛用于首饰及装饰之中。琥珀、珍珠、珊瑚、象牙和玳瑁等有机宝石，以其瑰丽的色彩、温润的光泽和独特的质地成为天然宝石家族中不可或缺的成员。每一块有机宝石都承载着自然与时间的雕琢，凝聚了深厚的文化底蕴。无论是象征着历史与生命延续的琥珀，还是以其柔和色彩和高洁品格被誉为"宝石皇后"的珍珠，都是人们对自然美与艺术的无限追求。

笔者自 2017 年起便开始专注于琥珀等有机宝石的研究，其间曾指导多名硕士生和博士生完成以琥珀为主题的学术研究，并在国内外多个学术会议上，围绕琥珀这一主题进行中英文学术交流。在科研、市场调研及实验室检测结合的基础上，将多年来的研究成果整理成书，奉献给学子与业界同行。今又历时数载，精雕细琢成此《有机宝石学实习指导书》，希冀能为广大读者提供一套系统而实用的学习资料。

为了使本教材能更详尽地展示有机宝石的特征，笔者曾多次专程赴浙江诸暨、广西北海和广东湛江等地的淡水珍珠与海水珍珠养殖场、加工工厂和交易市场，以及云南腾冲和广东松岗的琥珀原石和成品市场，实地考察、深入探访。同时，也不辞辛劳，远赴泰国与河南西峡等地，搜寻琥珀原矿，并参与国内外多场宝石和化石展，收集一手资料，拍摄大量典型样品照片。此外，为探究古代琥珀文物制品的溯源与有机质文化遗产的保护，笔者联合中国科学院上海光学精密机械研究所、湖南博物院及广东省博物馆（广州鲁迅纪念馆）等多家单位开展了深入的研究合作，力求以严谨的学术态度丰富本书内容。

本书内容涵盖了有机宝石的基础知识、分类、宝石学特征、鉴别方法及优化处理等，结合最新研究成果，旨在培养读者对有机宝石独立分析、发现问题和解决问题的能力。作者希望读者通过对本书内容的学习，能够提升有机宝石相关的理论知识水平，迸发对有机宝石的学习兴趣和热情，进而达到为有机宝石的学习和研究奠定扎实基础的目的。

特别感谢中国地质大学（武汉）实验室与设备管理处实验教材项目（SJC-202310）的资助，其无私的支持为本书的顺利编写提供了坚实的保障。感谢珠宝学院提供的GIC系列丛书以及设备支持，使得许多宝贵的实物样本得以顺利处理与分析，其先进的检测技术为本书内容的丰富与科学性提供了坚实的保障。正是有了这些技术与设备的有力支撑，本书得以更加详尽地展示有机宝石的特征，并为读者呈现出更加直观、可靠的实验数据和实习指导。同时，衷心感谢琥珀雕刻师徐安大师提供的封面精美作品图片《春华秋梦》和《临江仙》，其独特的艺术视角为本书增色不少。

谨以此书献给珠宝学子、业内同仁及广大珠宝爱好者，愿共同走进有机宝石的奇妙世界，感受自然的神奇与美妙。尽管本指导书的内容是笔者长期教学实践的心得和信息资料的整理，但不当之处在所难免，若有疏漏之处，敬请读者批评指正！

李　妍
2024年10月

实验须知

本书是作为《有机宝石学》教材的配套实习指导书和辅导书而编写的。书的编写以课堂内容为依据，还参阅了部分宝石学教材及相关实习指导书。

本书不仅是学生进行"有机宝石学"课程实习的指导书，也是学生自学和复习的指导书。书中将教材各章的重难点进行总结概括，以便于学生自学和复习时准确掌握和深入理解各实习的中心思想和精髓。

本课程实践部分分为4个单元，实习内容根据有机宝石的种类和难易程度安排，在每次实习前，请认真阅读本实习指导书。学生在实习过程中，应根据实习内容安排，按要求进行。

实习前，仔细检查宝石标本、仪器的数量和质量，认真做好记录，如发现数量不符、质量有问题，应及时报告老师，以便解决和更换。实习过程中，应爱护标本和仪器。如因操作不当，造成宝石标本或仪器的损坏或遗失，将按中国地质大学（武汉）珠宝学院实验室管理条例进行赔偿处理。

学生在实习过程中，应认真操作、仔细观察、详细记录，掌握各类宝石鉴定仪器的特点和用途。在实习中杜绝打闹、聊天等与实习无关的行为。实习结束，等任课老师清点好标本和仪器方可离开，不得中途离开！

中国地质大学（武汉）珠宝学院
有机宝石学教学组

目 录

实习一　琥珀的鉴定……………………………………………………（1）

实习二　珍珠的鉴定……………………………………………………（26）

实习三　珊瑚的鉴定……………………………………………………（41）

实习四　其他有机宝石品种的鉴定……………………………………（51）

实习五　综合鉴定………………………………………………………（67）

主要参考文献……………………………………………………………（74）

实习一　琥珀的鉴定

一、实习目的

掌握琥珀及其相似品的鉴定特征（天然、优化处理、仿制品等）。

二、实习重点

理解琥珀的形成与演化，掌握琥珀的宝石学特征和琥珀的产地特征，熟练掌握琥珀的优化处理及鉴定特征。

重点：琥珀的宝石学性质、琥珀的优化处理及其鉴定特征。

难点：琥珀的光学效应、再造琥珀、自然老蜜蜡和人工做旧老蜜蜡的鉴别。

三、实习内容

(1) 掌握天然琥珀的鉴定特征。
(2) 掌握优化处理琥珀的鉴定特征。
(3) 掌握再造琥珀的鉴定特征。
(4) 掌握琥珀仿制品（柯巴树脂、人造树脂）的鉴定特征。

四、实习方法

(1) 利用宝石显微镜仔细观察琥珀的流动纹特征（挥发分形成的小气泡）、再造琥珀的压制结构（碎块、碎粒、碎粉等）、优化处理的盘状包裹体等、塑料的气泡等。
(2) 利用荧光灯观察琥珀的荧光特征。
(3) 利用偏光显微镜辅助观察琥珀的性质。

五、琥珀概述

中生代白垩纪（距今约 1 亿年）至新生代新近纪（距今约 1500 万年）植物树脂经各种生物作用和地质作用，不断失去挥发成分并聚合、固化形成的树脂化石，为天然有机宝石，属典型的不易分解的有机化合物的混合物（Shi G H et al.，2012）。

（一）琥珀形成的基本条件

琥珀是植物树脂埋藏在地下经过各种地质作用、生物化学作用形成的树脂化石（图 1-1）。

自然界中并非所有的树木都有树脂，而有树脂的树木也并非都能形成琥珀。琥珀的形成与古地理、古气候、古植被、地壳运动、地层系统和地质年代有密切的联系（王雅玫，2019）。中国市场常见琥珀品种植物源见表1-1。

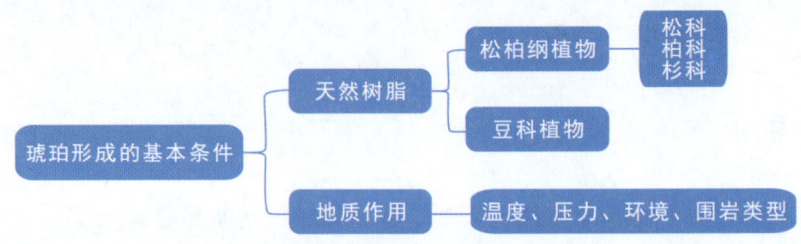

图1-1 琥珀形成的基本条件

表1-1 中国市场常见琥珀品种植物源（Shi G H et al.，2014；王雅玫，2019）

琥珀产地		门	纲	目	可能的植物源
缅甸		裸子植物	松柏纲	松柏目	南洋杉科、松科
中国	西峡	裸子植物	松柏纲	松柏目	南洋杉科，不排除掌鳞杉科
	抚顺	裸子植物	松柏纲	松柏目	柏科、水杉科
	漳浦	被子植物	木兰纲	锦葵目	龙脑香科
波罗的海		裸子植物	松柏纲	松柏目	金松科、柏科、松科、南洋杉科
墨西哥		被子植物	双子叶植物纲	豆亚目	豆科、云实亚科、李叶豆属
多米尼加		被子植物	双子叶植物纲	豆亚目	豆科、云实亚科、李叶豆属

（二）琥珀的形成与演化——地质条件

1. 沉积环境

（1）断陷盆地的快速沉积：断陷盆地是由两条性质相同的岩层之间相对下降的断块形成的狭长凹陷。盆地的形成与构造演化具有同步性。树脂转化为琥珀需要地壳的快速沉降和迅速埋藏的条件。

（2）海陆过渡相的三角洲沉积环境：三角洲是一个包括多种亚沉积环境的海陆交互相的沉积体系。三角洲沉积在平面上的分带性：三角洲平原、三角洲前缘、前三角洲。

（3）缅甸琥珀矿地质条件：德乃琥珀矿区出露有灰绿色的火山碎屑岩—凝灰岩夹薄层碳质页岩；坎迪矿区则为一套剪切挤压变形的泥岩，含碳酸岩透镜体和煤层（Shi G H et al.，2012）。

（4）墨西哥矿区地质条件：围岩特征为砂岩夹灰色页岩及灰岩透镜体和深灰色块状页岩，沉积环境多是三角洲平原相。

（5）波罗的海琥珀地质条件：始新世（距今约50Ma），海洋向东海侵，淹没和摧毁了琥珀森林；死亡的树木和树脂被大型的河流从北部带到早古近纪的浅海中，并在河流入海的三角洲地带迅速被泥土和粉砂覆盖埋藏，树脂在厌氧条件下形成了琥珀。最大的琥珀沉积——塞姆兰特半岛的蓝泥层就是这种方式形成的。

2. 琥珀的搬运与沉积作用

琥珀或者含琥珀的沉积物形成之后，通过水和冰川等营力被转移出母岩区。搬运：与水流能量有关，能量越大搬运碎屑越多，大的沉底，粉砂、黏土等小的只能被悬浮搬运至更远的距离。

搬运距离与琥珀的形态和表面结构有关，搬运距离短，琥珀多呈棱角状（或者原始饼状），大小混杂；搬运距离越长，磨圆度越好，表面磨蚀强度越大。大多数产地的琥珀形成之后被二次或多次搬运。

（三）琥珀的形成演化过程（图1-2）

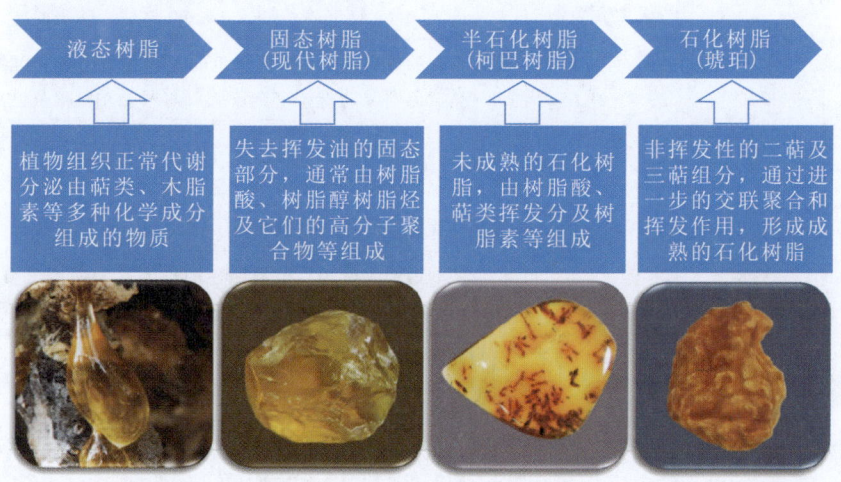

图1-2 琥珀的形成演化过程（王雅玫，2010）

六、琥珀的宝石学特征

（一）琥珀的分类

本书依据琥珀的成因、透明度及包裹体将琥珀分为三大系列（图1-3）。

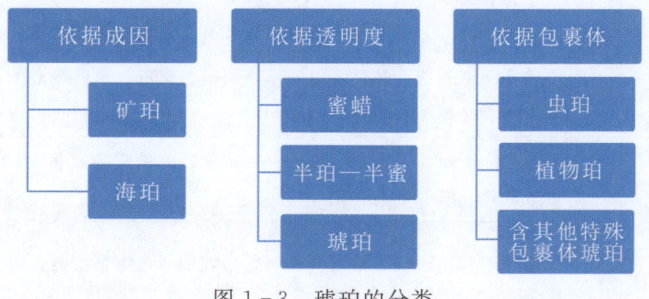

图1-3 琥珀的分类

1. 依据成因分类

依据成因类型及赋存状态将划分为两个一级大类。①矿珀：凡是赋存在地层中的琥珀统称为矿珀（pit amber），分为原生矿珀和次生矿珀。②海珀：沉积在三角洲、河漫滩、前海潟湖等沉积相中的琥珀被海水侵蚀，冲刷到岸边或漂浮在海面上，统称为海珀（sea amber）。

2. 依据透明度的分类

（1）透明状的一般称为狭义的琥珀，依据颜色（包括荧光颜色）不同，进一步划分为5个亚类（表1-2）。

表1-2 琥珀的透明度分类

按透明度分类	按颜色含荧光颜色		特征描述
透明	琥珀	金珀	黄色系列的透明琥珀。根据颜色的饱和度和明度又可细分为1号金珀（亮黄色）、2号金珀（金黄色）、3号金珀（褐黄色）
		血珀	红色系列的透明琥珀。血珀又可细分为4号血珀（即樱桃琥珀）、5号血珀（暗红色）。血珀的颜色进一步加深，外观呈赤黑色，强光下显殷红色的又称为"翳珀"
		棕珀	棕色系列的透明琥珀。根据颜色的饱和度和明度又可细分为棕珀、棕红珀、金棕珀、棕褐珀等
		蓝珀	透视观察呈黄、黄绿、棕黄、棕红等色，在自然光下、黑色背景上呈不同饱和度的蓝或蓝绿荧光色
		绿珀	透视观察呈黄、黄绿、棕黄、棕红等色，在自然光下、黑色背景上呈不同饱和度的绿或蓝绿荧光色
不透明—微透明	蜜蜡	黄色—橙黄色蜜蜡	半透明—不透明的琥珀，颜色似蜜，质感如蜡
		金包蜜	中心为不透明的蜜蜡，向边缘逐渐过渡为透明的金珀
		白蜜	白色，不透明，质地细腻，密度比一般琥珀低，可漂浮在水上的蜜蜡，也称为"泡沫琥珀"。若颜色接近骨骼颜色可称为"骨珀"，似象牙白色又称为"象牙珀"
		白花蜜	白色蜜蜡同黄色蜜蜡交织在一起的蜜蜡
		老蜜蜡	指年代久远，受自然氧化颜色变深的蜜蜡
	根珀		不透明—微透明，颜色多由深棕、深褐、灰白、米白等多种或两种颜色交织在一起；结构为纤维毡状及斑驳状的琥珀
	花珀		不透明—半透明，颜色由白色、棕黄色、黑色交杂在一起，或包裹了黑色煤等杂质形成独特花纹外观的花珀
部分透明部分不透明	半珀—半蜜（根）		透明琥珀和不透明蜜蜡绞合在一起的琥珀。其中金绞蜜、溶洞珀等均属于此类

(2) 微透明—不透明状的称为蜜蜡、根珀、花珀。

(3) 部分透明、部分不透明的称为半珀—半蜜（根）。

3. 依据包裹体分类

(1) 透明—微透明，包裹动物遗体的琥珀称为虫珀。

(2) 透明—微透明，包裹植物的琥珀称为植物珀。

(3) 含气液两相包裹体的琥珀称为水胆珀。

(4) 包裹体与体色之间形成生动的图案的琥珀称为物相珀。

（二）琥珀的基本性质

琥珀的化学元素主要为 C、H、O，其次含有少量的 N、S、Si 及 Na、Fe、Ca、Mg 等元素。主要化学元素质量分数为：C＝75％～85％，H＝9％～12％，O＝2.5％～7％，S＝0.25％～0.35％。不同产地琥珀中 C、H、O 的质量分数不同。琥珀的其他基本性质如表 1-3 所示。

表 1-3 琥珀的基本性质

化学成分		$C_{10}H_{16}O$，可含 H_2S
结晶状态		非晶质体
光学特征	颜色	浅黄色、黄色至深褐色、橙色、红色、白色
	光泽	树脂光泽
	紫外荧光	弱至强，黄白色至黄色、蓝白色或蓝绿色、蓝紫色等
力学特征	摩氏硬度	2～2.5，小刀甚至指甲可以刻化
	相对密度	约 1.08，可在饱和的浓盐水中可以悬浮
	断口	典型的贝壳状断口
	韧性	较差，外力撞击下容易碎裂
特殊性质		静电性，摩擦可带电；热针熔化，并有芳香味；易溶于硫酸和酒精等有机溶液
包裹体		气泡，流动线，昆虫或动、植物碎片，其他有机或无机包裹体

琥珀内部包含有丰富的包裹体，是自然界中唯一将古生物遗迹完好封存在其中的载体，是保存其形成时古气候、古环境信息最好的地质记录。琥珀的内含物按照包裹体的特征大致分为以下三大类。

1. 天然流动纹

天然流动纹是指天然蜜蜡中较规则、边界较清晰、由黏稠状天然树脂流动过程中形成的纹理（主要由无数微小气泡群组成），外观似玛瑙纹或翻卷的云朵。琥珀的流纹犹如人的指纹一样没有相同的。

2. 动植物包裹体

琥珀内部常见膜翅目（蚂蚁、蜜蜂）双翅目（蚊）、同翅目（叶蝉）、鞘翅目（甲虫）等昆虫包裹体，少见鳞目（蛾）、䗛䗛目（䗛䗛）、啮虫目（啮虫）等目的动物包裹体。通过琥珀动物包裹体的研究，生物进化史上的新目被发现了，如从事竹节虫目研究的德国学者宗波罗发现螳螂竹节虫，我国知名古昆虫专家洪友崇发现了代表东亚古陆始新世早期的多个新类群。琥珀中的植物包裹体多见原始树木残片，花、草碎片偶见完整的树叶花朵。

（三）其他包裹体

琥珀中除流动纹和动植物包裹体外，还有其他有机、无机包裹体。

七、不同产地琥珀的特征

琥珀虽在世界上分布广泛，但商品级琥珀的产地主要集中在波罗的海沿岸国家、缅甸、多米尼加等国。由于不同产地琥珀的古植物种属、古气候环境及地质作用等因素的差异，使得琥珀在外观特征、包裹体类型、物化性质、红外光谱等方面存在差异，因而具有不同的宝石学性质。

（一）波罗的海琥珀

1. 地理位置

波罗的海是北部欧洲的内海，自第三纪（古近纪＋新近纪）以来，经历了多次地壳的抬升和下降，使此区出现了多次海进、海退的海陆交替。波罗的海是在第四纪最后一次冰期结束后因冰川融化形成的，波罗的海琥珀有12个产区，值得说明的是，乌克兰、白俄罗斯属同一陆地森林。

2. 地质背景

（1）形成时代：早始新世—晚渐新世，距今55～30Ma。
（2）沉积环境：三角洲。
（3）成因类型：①矿珀，产于沉积岩中，属于次生矿床；②海珀，漂浮在大海上的琥珀。

3. 围岩地层

俄罗斯加里宁格勒琥珀矿区（波罗的海地区典型的琥珀矿区之一）向东矿层变深，向西轻微倾斜，地层主要由砂、黏土和蓝泥组成。蓝泥共分为四层，分别为下蓝泥层、真蓝泥层、中蓝泥层和上蓝泥层，蓝泥主要为粉砂岩。其中上面三层含有琥珀，主要的和最富的琥珀赋存在真蓝泥层。琥珀层之上为一套细砂、棕色黏土和具交错层理的砂岩和冰积物沉积。每年可开采量大约为600t，仅有10%达到宝石级，其中虫珀不到1%。蓝泥的名字来源于其蓝绿色的颜色，是由海绿石、黏土及含云母细砂岩组成，其中包含有不同形状和大小的琥珀。

4. 外观特征

颜色较单调，多呈不同色调的黄色、橘黄色、白色，透明度各异，多为蜜蜡（60%以上），部分为金绞蜜，少量透明的琥珀。琥珀中富含对人身体有益的琥珀酸（5%~8%）。

5. 内部特征

（1）流动纹：保留了天然树脂流动的痕迹。形态各异的流动纹似云卷云舒、如烟似雾，如同人的指纹一样独一无二，是重要产地特征。

（2）橡树毛：常见的一种标志性的植物包裹体，外观呈细小毛绒状，一簇簇零星分布。据记载，这是由已经灭绝的橡树雄性花在春夏交替之际漫天飞舞时卷入琥珀内部形成的。

（3）昆虫反应物：某些昆虫死亡后，其体液与周围的树脂会产生一圈白色的反应物，围绕在昆虫周围。

（4）黄铁矿晶体：在波罗的海琥珀中有时可见自形的黄铁矿晶体，反射光下为浅铜黄色并具有明亮的金属光泽。初步判断黄铁矿是外来包裹物。

（二）多米尼加琥珀

1. 地理位置

多米尼加位于加勒比海伊斯帕尼奥拉岛，西与海地接壤，南临加勒比海，北濒大西洋，属于热带雨林气候。多米尼加琥珀中的植物和动物包裹体种类在所有地区中是最多、保存最为完整的。多米尼加琥珀主要有两个矿区——北部矿区和东部矿区。

2. 地质背景

（1）形成时代：渐新世—中新世（距今30~15Ma）。

（2）沉积环境：北部为陆相到沿海的快速碎屑流沉积，属于河流主控三角洲平原—三角洲前缘，东部为潟湖—沿岸海边沉积环境。

（3）矿床类型：矿珀。

（4）围岩地层：琥珀总是与褐煤共生在一起，产于具层状纹理的碳质泥灰岩、细粒碎屑岩和粉砂质黏土岩中。

3. 外观特征

（1）多米尼加琥珀颜色多为透明的深浅不同的黄色、棕黄色、棕褐色，少量的具有蓝色、绿蓝色及蓝紫色荧光。

（2）蓝珀主要颜色为天空蓝色、高蓝色、蓝色、蓝紫色、蓝绿色等，总体透明度较高。

4. 内部特征

（1）内部干净者少见，多含有气液两相包裹体及有机物、无机物等杂质包裹体。

(2) 所含的植物和昆虫种类堪称世界之冠，常见被子植物花朵、叶子（阔叶）及各种完好的虫子包裹体。

(三) 墨西哥琥珀

1. 地理位置

墨西哥琥珀产于其东南部的恰帕斯州（Chiapas），东邻危地马拉，南临太平洋，多山地和森林。恰帕斯州南部有马德雷山脉，海拔 2000m 以上；中部是恰帕斯谷地，平均海拔 600m。琥珀矿则位于恰帕斯州北部海拔 600m 的山上。

2. 地质背景

（1）形成时代：根据锶同位素测年，形成距今（22.88±0.90）Ma，属早中新世。
（2）沉积环境：潮汐主导作用下三角洲的孤立的滞留水体的还原环境。总体上琥珀矿区属于海陆交互的靠近海岸的泛平原沉积。
（3）围岩特征：含砂岩、泥岩、褐煤的混合岩层。

3. 外观特征

颜色多为黄色、棕褐色、黄绿色，最出名的是红皮蓝珀。
蓝珀的颜色总体为带有绿黄色调的绿蓝珀，个别高蓝色。

4. 内部特征

墨西哥琥珀透明度较高，内部干净者居多。内含物常见黑色的不规则絮状物和动植物包裹体。

(四) 缅甸琥珀

缅甸琥珀在国际上被称为"burmite"，世界上最著名的白垩纪琥珀之一。其中蕴藏着目前已知最丰富的白垩纪生物群，完整地保存了中生代向新生代生物演化的片段。缅甸琥珀是世界琥珀中比较特殊的品种，其特点是品种繁多、色彩丰富、荧光奇异、包裹体独特、块度大、硬度高。品质、品种不同，价格差异极大。

1. 地理位置

缅甸琥珀产自缅甸北部、西北部和中西部。
矿藏分布较为分散，没有大规模集中的矿区。
缅甸琥珀有3个产区：①缅甸北部克钦邦胡康河谷德乃镇附近的德乃矿区（称为老矿区）；②实皆省坎迪矿区（称为新矿区），是有名的茶珀产区；③缅甸中西部马圭省提林镇附近的提林矿区。

2. 地质背景

（1）形成时代：锆石定年（98.79±0.62）Ma，属白垩纪晚期。

(2) 沉积环境：海湾或河湾的海陆交互相的海滨沉积。
(3) 矿床类型：未经长搬运的矿珀。
(4) 围岩特征：德乃矿区主要为灰绿色或蓝绿色，遭风化的岩石呈棕褐色或褐红色，由各种碎屑岩、薄的灰石岩层以及丰富的碳质组成；坎迪矿区为一套剪切挤压变形的含碳酸质透镜体和煤层的泥岩。

3. 外观特征

(1) 缅甸琥珀按颜色可分为棕珀、金珀、血珀、茶珀、根珀、蜜蜡和物相珀等品种。
(2) 总体颜色偏棕色，茶珀和溶洞珀是缅甸琥珀中的特色品种。
(3) 根珀外观类似树木的纹理。
(4) 部分琥珀会呈现蓝色、紫色等荧光，俗称金蓝、紫罗兰。

4. 内部特征

(1) 缅甸琥珀内部常见美丽的流淌纹，外观似玛瑙纹，有时也可见紊乱流淌现象。流淌纹由红色点状包裹体组成。
(2) 缅甸蜜蜡的流动纹相对流畅、清晰。放大观察缅甸蜜蜡的结构，可见大小不同的气泡呈点状分散均匀分布，同时具有颗粒感。
(3) 缅甸琥珀中可见各种常见的动植物包裹体。
(4) 缅甸琥珀中除上述特征包裹体外，还存在其他的包裹体，如气液两相包裹体。

本小点所述 4 个产地琥珀的主要特征对比见表 1-4、图 1-4。

表 1-4 不同产地琥珀主要特征

	缅甸琥珀	波罗的海琥珀	多米尼加琥珀	墨西哥琥珀
颜色	棕色为主，黄、黑等色	不透明的黄色蜜色；透明的黄色、橙红色	各种色调的黄色	黄色、黄绿色、棕褐色
折射率	1.54	1.54	1.54	1.54
硬度	2.5～3，明显较其他地区琥珀高，性脆易崩碎	2～2.5	2～2.5，部分性脆易崩碎	2～2.5
密度	1.03～1.08g/cm³	1.05～1.10g/cm³（泡沫琥珀较低）	1.03～1.08g/cm³	1.03～1.08g/cm³
荧光（图 1-5）	多为紫蓝色	多为黄白色荧光	多为强蓝白色荧光	多为强—中等蓝白色荧光
原料特征	大部分产出为铁饼状，表面有麻坑状凹点，方解石脉	表面常被氧化成橘色或红色；具有龟裂纹砂糖状树、树皮状等	表面常有一层灰黑色皮壳	形态多为次圆—次棱角状，皮色与围岩颜色一致，为黑灰色
内部特征	红色点状物组成流淌纹，动植物包裹体	云雾状气泡，橡树毛	红色点状包裹体；保存完整的动植物包裹体	常见黑色、褐红色不规则团状物
品种	棕珀、金珀、血珀、根珀、茶珀等；光效珀（图 1-6）	蜜蜡、金珀	金珀、蓝珀	金珀、棕珀、蓝珀、蓝绿珀

(a)、(b) 波罗的海琥珀（王雅玫，2019）；(c)、(d) 缅甸琥珀；(e)、(f) 多米尼加琥珀（Xin C X et al.，2021）。

图 1-4　不同产地的琥珀

八、琥珀与仿制品的鉴别

琥珀的仿制品主要有两大类：一类是成熟度不够的柯巴树脂；另一类是人造树脂。目前人造树脂的仿真效果从外观上已经可以达到以假乱真的地步。

1. 琥珀与柯巴树脂的鉴别

琥珀与柯巴树脂属于在不同地质条件与阶段下的产物，虽然两者的化学成分、物理性质具有相似性与过渡性，但也存在一定差异。柯巴树脂的硬度、熔点等均低于琥珀，但在有机溶剂中的溶解度则高于琥珀（图 1-7）。

（1）哥伦比亚柯巴树脂：透明，浅黄—棕黄色，色浅，内部常见大而圆的气泡密集成群

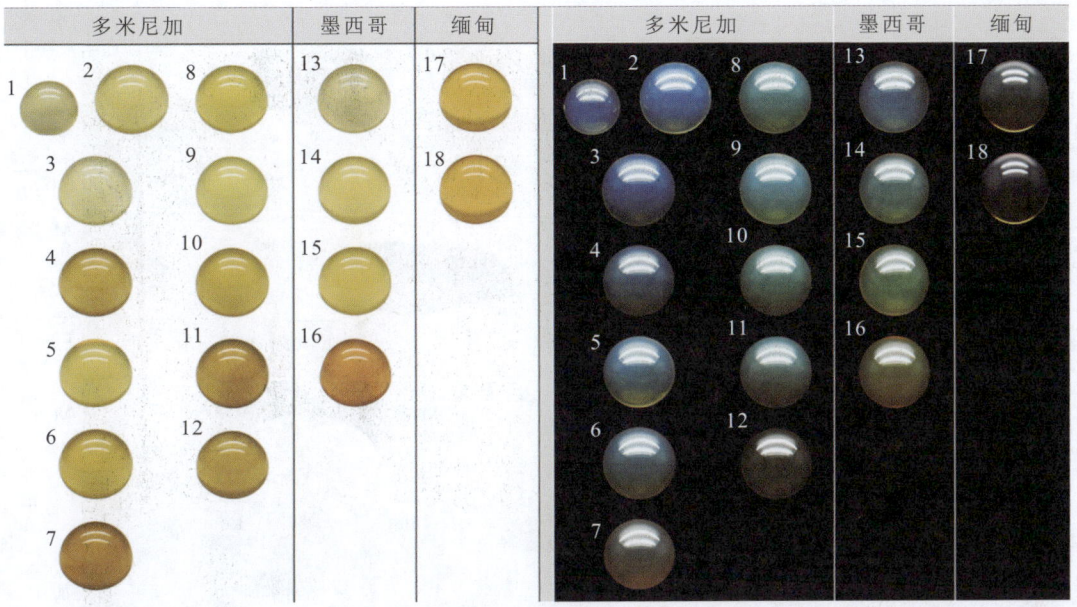

图1-5 不同产地蓝珀样品的荧光特征（王雅玫，2019）

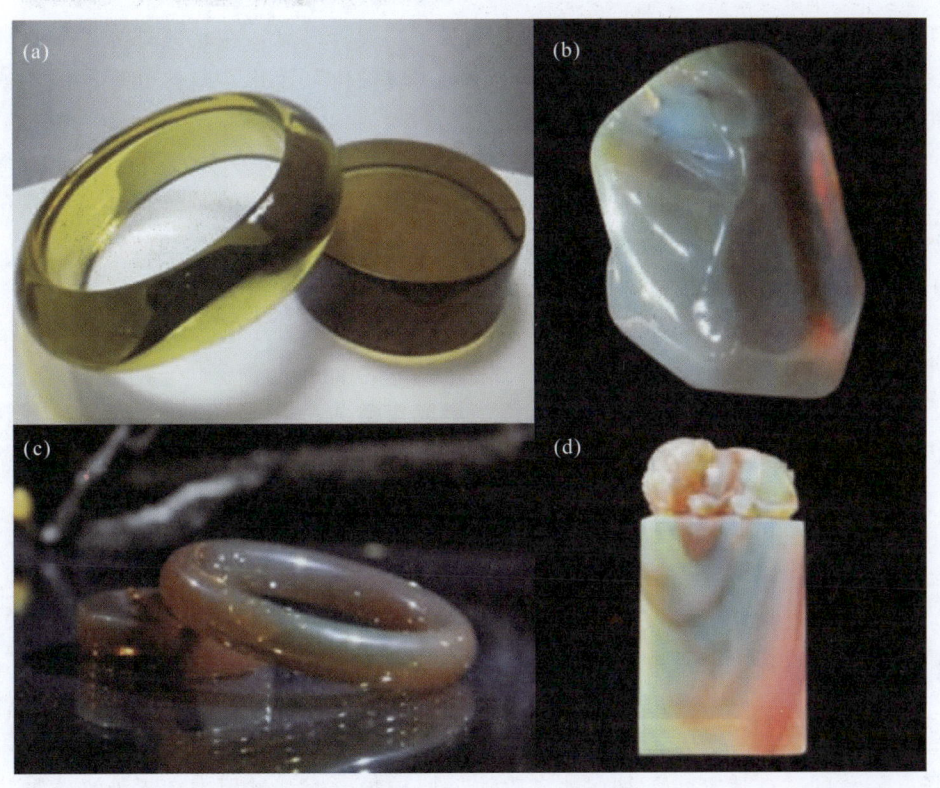

(a) 缅甸绿茶珀手镯（镯心可见淡淡的红色）；(b) "变色龙"琥珀；(c) 缅甸红绿双色琥珀手镯；(d) 缅甸彩虹色琥珀。

图1-6 光效珀（杨金凤等，2023，Li Y et al.，2024）

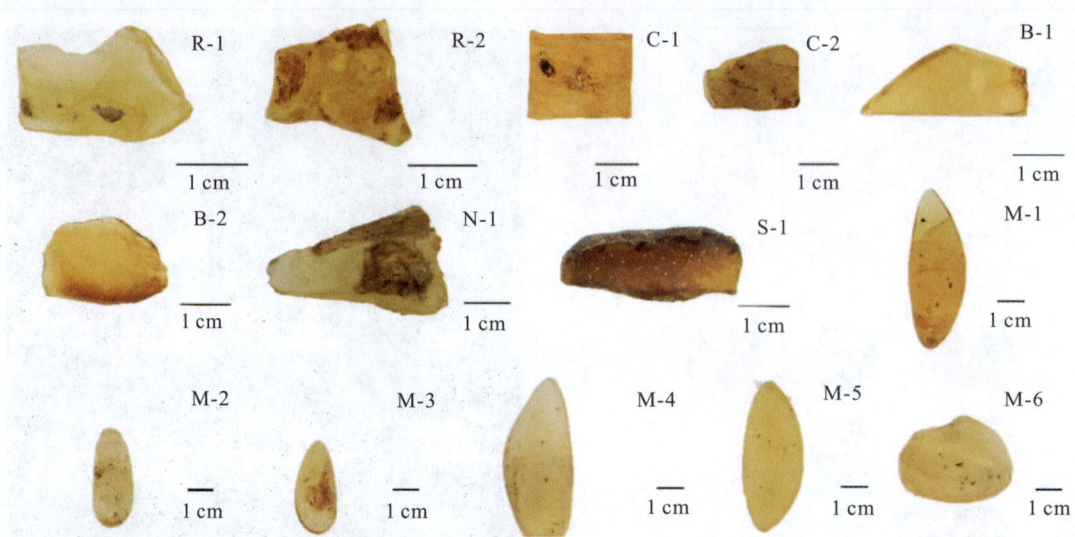

俄罗斯（样品R-1，R-2）、哥伦比亚（C-1，C-2）、新西兰（N-1）、婆罗洲（B-1，B-2）、马达加斯加（M-1，M-2，M-3，M-4，M-5，M-6）和苏门答腊（S-1）。

图1-7 来自6种不同产地的柯巴树脂样品

分布。近代种属的昆虫包裹体丰富，个体大小不一，大者多见，在长紫外光下平直流纹表现得更加清晰。热处理的哥伦比亚柯巴树脂可以向"琥珀化"转化，与热处理的波罗的海琥珀极其相似（李佳蓉等，2024）。

（2）婆罗洲柯巴树脂：棕—棕红色，形成时间是距今12～10Ma，具有特征的紫蓝色荧光；内部常见由红色小点组成的流纹，与缅甸琥珀的流淌纹很相似，但其红色点状包裹体没有缅甸琥珀的边界清晰；部分白色区域的结构呈蜂窝状（代荔莉等，2018）。

（3）苏门答腊柯巴树脂：棕—棕红色，主要由新近纪的龙脑香科树木分泌，具有特征的紫蓝色荧光，树脂光泽和典型贝壳状断口，内部可见流纹状分布的板状、球状、泡沫状的白色和深褐色包裹体（李盈盈等，2022）。

（4）马达加斯加柯巴树脂：淡金—金色，形成年龄为距今10 000～2000a，形成于豆科植物，内部常见完整的昆虫标本以及植物碎屑，常见大而圆的气泡，局部气泡密集成群分布。

（5）新西兰柯巴树脂：浅黄—棕黄色，内部可见红色扇形包裹体以及红色裂隙，可能由氧化所致。

（6）俄罗斯柯巴树脂：浅黄—棕黄色，内部可见红形态不一的红色絮状包裹体，以及形状不规则的黑色包裹体。

2. 琥珀与"二代蜜蜡"的鉴别

市场上俗称的"二代蜜蜡"是在琥珀碎块、琥珀粉的熔结过程中掺入外来添加物（如起固结作用的人工树脂等），其正交偏光及紫外荧光特征均不明显，但在强透射光源照射下，仍可在冰裂纹下、磨砂面下、有色覆膜下及雕刻的繁复花纹附近发现断续状的闭合"血丝"、局部带棱角的颗粒边界或流动的"砂糖"构造。如果加入的添加物种类或数量过多，琥珀的原有成分已遭到严重破坏,不能再将其定名为再造琥珀,而应定名为仿琥珀,属于琥珀的仿制品(马宏彦等,2022)。

3. 琥珀与塑料仿制品的鉴别

塑料类的仿制品包括酚醛树脂、安全赛璐珞、赛璐珞、有机玻璃、聚苯乙烯等,具有明显的流动构造,不但能模仿琥珀颜色,更能制造出类似"太阳光芒"的盘状裂隙,与琥珀十分相似,但是在折射率和密度上与琥珀有较大差异,在实验室里十分容易区别。由于塑料本身化学成分不同,在紫外荧光灯下比天然琥珀荧光更加丰富(表1-5)。

表1-5 琥珀与仿制品的区别

	琥珀	柯巴树脂	塑料仿制品
气液包裹体	圆形或异形气泡	可见气泡、圆而大	浑圆气泡
动植物包裹体	挣扎态昆虫包裹体	可包裹天然动植物	收缩态昆虫包裹体
漩涡纹	似树木年轮或滚动流纹	与琥珀相似,但流纹相对平直、流畅	交错、波浪状流动构造
紫外荧光	中等蓝绿色	短波(SW):强白色荧光	弱—无(聚乙烯类)
可溶性	酒精不可溶	酒精揉搓黏软	酒精不可溶蚀表面
其他	热针融化、摩擦有芳香味	热针测试比琥珀易融化	热针辛辣味或塑料味

九、琥珀的优化处理及鉴别

(一)琥珀的热处理

琥珀的热处理是为了提高琥珀的透明度,改善或改变琥珀的颜色,使琥珀内部产生特殊包裹体,以达到提高琥珀观赏性、满足琥珀多样化需求的目的。琥珀的热处理可获得的产品有金珀、血珀、花珀、珍珠蜜、老蜜蜡。

1. 热处理琥珀工艺

(1)净化工艺:在密闭的惰性气氛环境中(一般为氮气),通过改变压炉内的温度、压力与时间等条件因素来逐步改善琥珀的透明度。加热使琥珀逐渐受热软化,加压则驱赶出琥珀中的气液包裹体,最终达到提高其透明度的目的[图1-8(a)]。

(2)烤色工艺:在密闭的压炉中通入适量的氧气和氮气,经过加热使琥珀表面产生红色—深红褐色的氧化层而达到改色效果。血珀的深红色可以掩盖内部杂质,甚至可以掩盖再造琥珀的立体"血丝"结构[图1-8(b)]。

(3)爆花工艺:利用琥珀内气液包裹体内外压的差异,使包裹体膨胀破裂形成盘状裂隙,即所谓的"太阳光芒"。根据"太阳光芒"的颜色又可分为金花珀与红花珀,若对红花

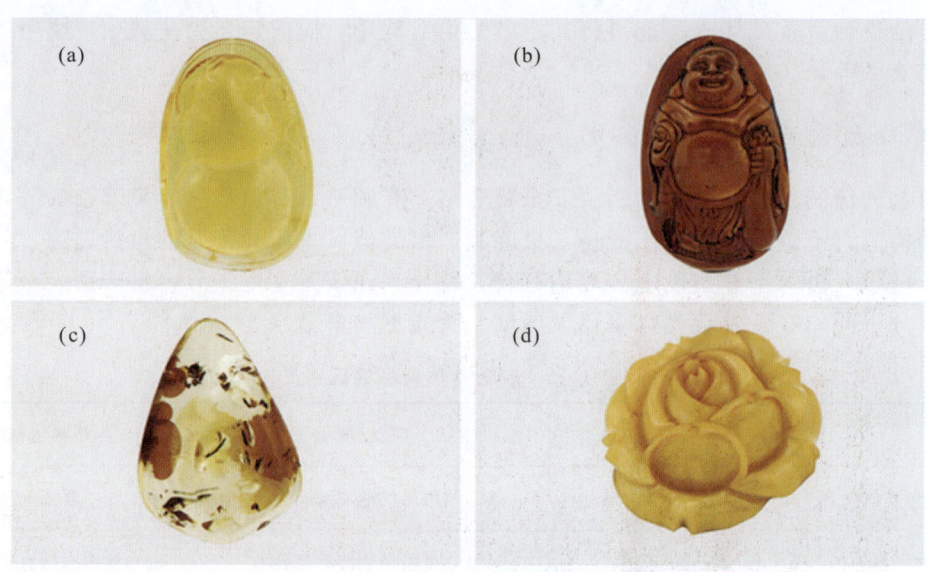

（a）净化处理；（b）烤色处理；（c）爆花处理；（d）烤老蜜蜡处理。
图1-8 琥珀热处理产品（Wang Y M et al., 2014）

珀部分抛光可获得双色琥珀［图1-8（c）］。

（4）烤老蜜蜡工艺：在开放的环境中，将蜜蜡样品平铺于装满细砂的铁盘中，然后将铁盘放入烤箱加热。蜜蜡样品在常压低温加热条件下经过长期的缓慢氧化而逐步变为老蜜蜡［图1-8（d）］。

（5）人工做旧烤老蜜蜡：通过控制加热的速率、温差等参数，或者叠加了其他技术而形成的人工做旧老蜜蜡，其外观近似年代久远的老蜜蜡（图1-9）。

2. 琥珀的热处理的鉴别特征

（1）颜色和透明度的变化：颜色和透明度热处理可以使琥珀的颜色和透明度发生改变，将黄色、浅黄色的蜜蜡转化为金黄色、棕黄色、褐黄色、暗红色、黑红色的金珀和血珀。透明度自外而内从不透明转化为透明。

（2）折射率的变化：热处理可以改变琥珀的折射率值，且折射率的变化与琥珀的热处理时间和氧化程度呈正相关关系。

（3）紫外荧光的变化：荧光强度明显减弱，甚至湮灭。

（4）内部特征：盘状裂隙、红色流动纹。

（5）表面特征：龟裂纹、汽化纹、氧化裂纹等。

（二）琥珀的汽化处理

汽化处理是指在压炉中通过控制温度和压力，在惰性气氛环境和有水溶液参与的条件下，使微小气体进入琥珀内部，达到改善琥珀外观（使其变得不透明）的一种优化处理新方法。经汽化处理的琥珀其"蜡质"均匀、致密，其产品即为商业俗称的"水煮蜜"（图1-10）。汽化处理可用于琥珀原料，也可用于半成品和成品。

实习一 琥珀的鉴定

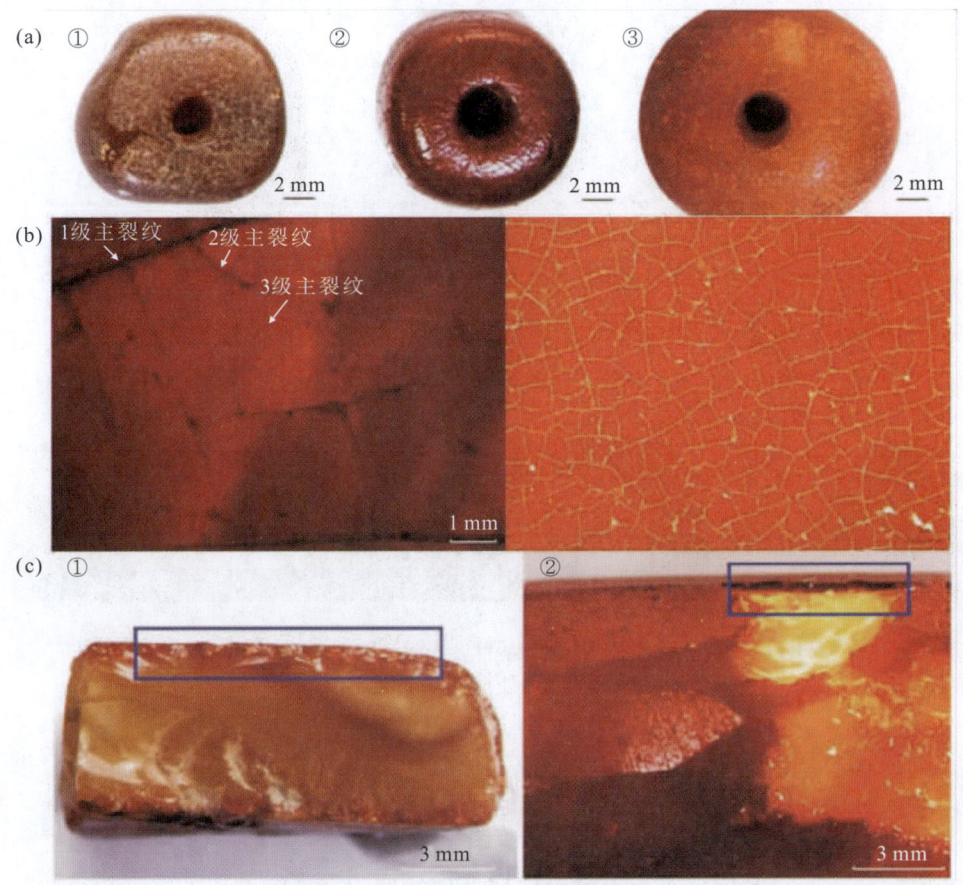

(a) 自然老化老蜜蜡；①人工做旧老蜜蜡，②打磨后的人工做旧老蜜蜡，③的表面特征；(b) 自然老化老蜜蜡与人工做旧老蜜蜡的龟裂纹形态差异；(c) 自然老化老蜜蜡与人工做旧老蜜蜡的老化层厚度差异。

图1-9　自然老蜜蜡与人工做旧老蜜蜡的差异（王雅玫，2023b）

（1）目的：汽化处理的目的是改善琥珀外观（透明度），采用半透明—半蜜蜡状的金绞蜜、透明的金珀及蜡质致密度不够、显水透的蜜蜡，模拟天然蜜蜡的成因，通过汽化处理使微小气泡进入到琥珀内部，将其转化为不透明的蜜蜡。

（2）鉴别特征：①外观较为均一、干涩，不如天然蜜蜡油润。②有时出现白色团状斑点[图1-10（c）、（d）]。③常存在致密、扁平或圆盘状的气泡或气液包裹体，气泡通常比天然蜜蜡中的气泡大得多[图1-10（e）、（f）]。④流动纹与天然蜜蜡的相比显得杂乱、模糊、光滑。⑤带裂纹的琥珀经处理后，其不透明区域沿裂纹分布。

（三）琥珀的辐照处理

用高能射线（电子加速器电子束、$^{60}Co\ \gamma$ 射线）照射琥珀，使其颜色转变为红色，可能伴随有根须状包裹体。

（1）目的：改变琥珀颜色，使琥珀外观呈现亮丽的橙红、红褐色调。

（2）原理：用高能射线辐照琥珀时，易导致其结构中某些羟基共价键均裂而形成自由

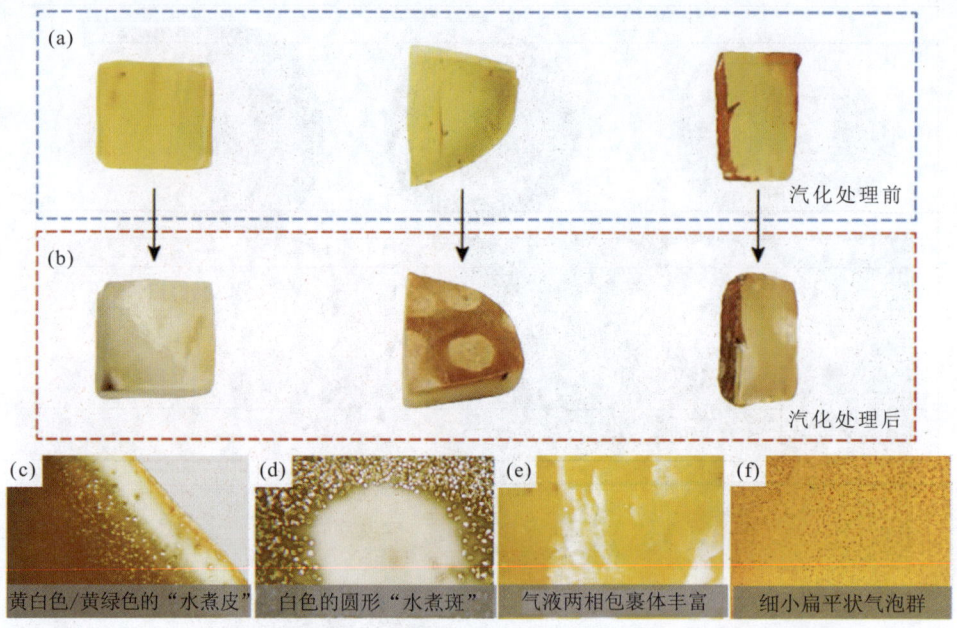

(a) 琥珀样品汽化处理前；(b) 琥珀样品汽化处理后；(c)—(f) 汽化处理琥珀的主要鉴定特征。
图 1-10　汽化处理（王雅玫，2019）

基，该自由基导致琥珀渐变为橙黄或红色调，且随着辐照剂量的增加，自由基的自旋浓度越来越高，琥珀的颜色加深也越明显。这种红色调里外颜色不一致，颜色稳定性较差，当温度升高至 140 ℃ 时，自由基离解，红色调退除（图 1-11）。

（3）鉴定特征：①颜色分布。市场上辐照处理的琥珀多选自波罗的海琥珀原料，经辐照后颜色均匀 ［图 1-11（b）］。由于原始琥珀体色和流纹的差异，叠加红色后可呈红色、黄褐色或红白相交等颜色。经辐照处理的琥珀在自然环境下放置一段时间也会自动褪色，颜色的鲜艳度明显降低，变得不均匀，出现色斑 ［图 1-11（c）］等现象，甚至辐照点在褪色后被清晰地显现出来。②根系状包裹体。即希腾贝格图形，经辐照的琥珀中电子积蓄到一定数量，便选择薄弱点作为触发点进行瞬间放电，形成向内延伸，由粗至细分形，形态各异的树枝状包裹体 ［图 1-11（d）、(f)］。根系的生长可以视为由不连续微裂纹构成的分形的随机生长过程。

（四）琥珀的覆膜处理

琥珀的覆膜处理是用涂、镀、衬等方法在琥珀表面覆着薄膜，以改变琥珀的光泽和颜色。

（1）目的：增加琥珀表面的光洁度和耐久性。
（2）覆膜剂：亮光漆（无色、有色，有薄有厚）。
（3）覆膜的品种：不易抛光的天然琥珀雕刻件、圆珠和再造琥珀。
（4）鉴定特征：①反射光、点光源放大观察可见被涂层覆盖的灰尘及捕获的气泡；②涂层破损处的分层现象，雕件凹痕处的明亮的光泽；③有色膜在雕刻件的瑕疵处，膜的破损处及打孔处，均可见有色膜颜色的富集现象；④膜的红外吸收光谱也可显示膜（树脂）的特征

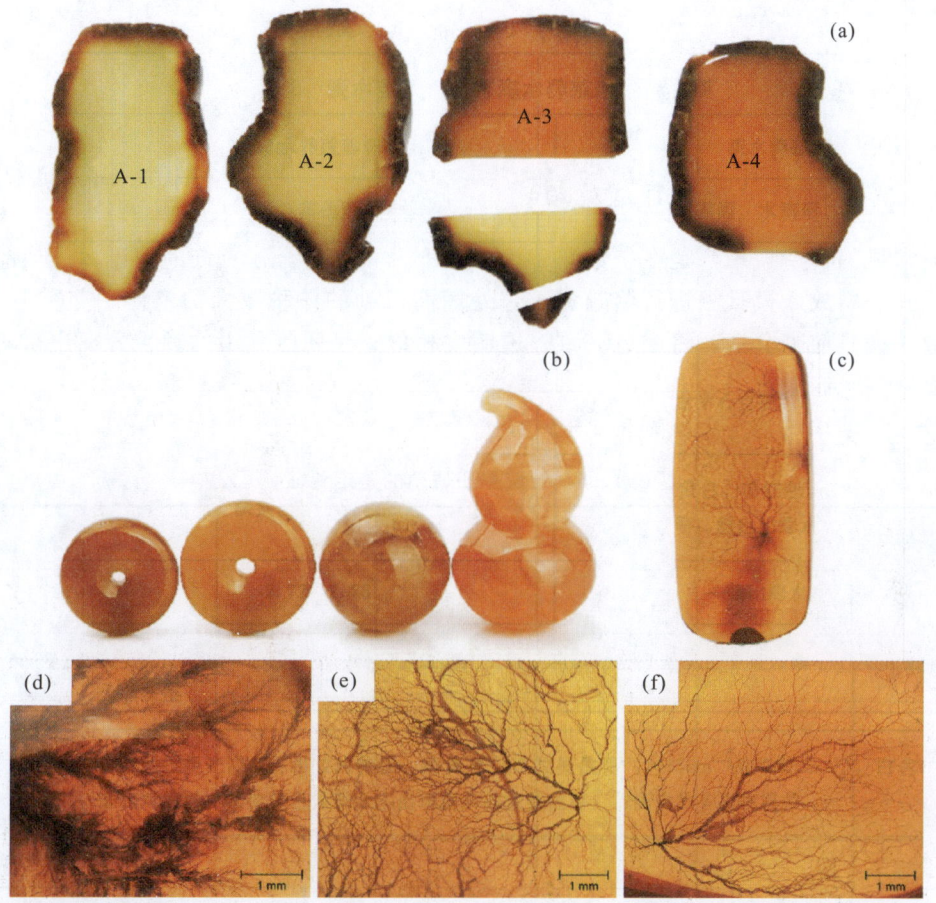

(a) 辐照琥珀：辐照前（A-1）和辐照剂量为 10kGy（A-2）、170kGy（A-3）和 200kGy（A-4）；(b) 无根须包裹体的辐照琥珀；(c) 颜色褪色色斑及根须状包裹体的辐照琥珀；(d)—(f) 形态各异的树枝状包裹体。

图 1-11 辐照（王雅玫，2019）

吸收峰。

（五）琥珀的充填处理

用玻璃、树脂或其他聚合物等固化材料充填琥珀的缝隙、裂隙、空洞，或灌注多裂隙的琥珀，以改善或改变琥珀的外观及耐久性。

（1）在原料加工前或半成品期间，使用树脂（胶）灌入有裂隙空洞的材料表面，在加工过程中可以增加材料的利用率。

（2）若在加工成品时发现影响美观和价值的瑕疵也可用胶填补。

（3）在抚顺琥珀的裂隙或坑洞中涂抹 502 粘接剂，将粉末一层一层撒在粘接剂上，直至将裂隙或坑洞填平。

（4）鉴定特征：①充填区可见分散或成群分布的气泡，气泡个体大，多为圆形；②充填物（胶）与被充填区的界线清晰，且有光泽差异；③待充填区域较大时，常用粉末或碎块同胶一起填补修补。

十、热压琥珀及鉴别

(一)传统热压琥珀(再造琥珀)

市场常见的再造琥珀,是在一定温度、压力下,将不适合作首饰的柯巴树脂或品质不佳的琥珀或其碎料放入模具中进行熔融和压合处理而得到的体积更大的整体,亦称压制琥珀。原料在放入模具前需分选,将颜色一致、透明度相似、可回收利用的颗粒分离出来,保证成品具有良好的压制效果。

传统热压琥珀的鉴定特征见表1-6。

表1-6 传统热压琥珀的鉴定特征

观察类别	鉴定特征
放大观察	放大检查可见琥珀颗粒边界的血丝状构造(图1-12)
结构特征	可见碎块、碎粒、碎粉状结构;粉末压制的蜜蜡看见"叶脉"状及丝瓜瓤状结构(图1-12)
表面特征	抛光面可见相邻碎屑因硬度不同而表现出凹凸不平界限
紫外荧光	弱荧光,不同琥珀颗粒的荧光颜色及强度有差异,具清晰颗粒边界
正交偏光	透明—半透明再造琥珀可呈似糜棱状或碎粒状消光,常伴随异常干涉色

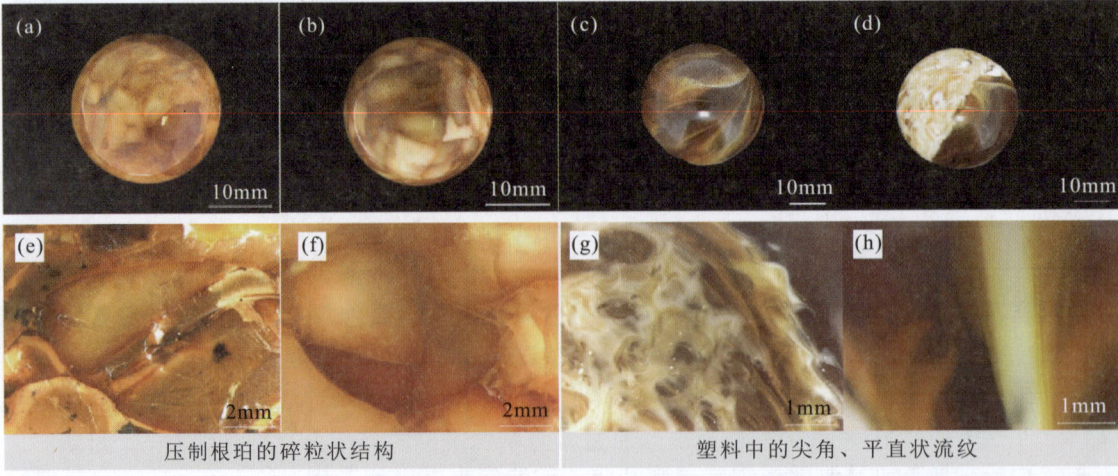

(a)、(b)再造缅甸琥珀;(c)、(d)塑料仿制琥珀;(e)、(f)再造及仿制琥珀的内部特征。

图1-12 再造及仿制琥珀的特征(Li Y,2022)

(二) 新型热压琥珀

即将等同圆珠重量的波罗的海琥珀原料进行简单的不规则切割后,利用不同直径圆珠模具,经过加热、施压,一次成形,可批量生产出圆珠,减少了传统圆珠加工的流程和成本。根据原料特点的不同,可以压制出金绞蜜、白蜜等多个不同品种的琥珀圆珠。

鉴定特征:①热压处理的琥珀圆珠,时间久了会自然回弹变形,外观形状不圆 [图1-13 (a)、(b)],表面可出现或浅或深的龟裂纹,圆珠的稳定性差 [图1-13 (c)、(d)]。转动时,部分表面会呈现与琥珀光泽不同的似丝绢状光泽。②透明度相对较高的琥珀,在偏光显微镜下通过消光现象,可以观察到原始刻面棱及模具咬合痕迹。

(a)、(b) 表面可见原料不规则棱角;(c)、(d) 回弹后表面产生裂隙。

图1-13 新型热压琥珀圆珠放置3~6月自然变形(李妍等,2023)

十一、习题

(一) 选择题

1. 以下哪个不是琥珀的宝石学性质（　　）
   A. 折射率值1.40　　　　　　　　　B. 摩氏硬度2~3
   C. 密度1.08g/cm³左右　　　　　　D. 属于光性均质体

2. 在饱和食盐水中呈悬浮状态的宝石是（　　）
   A. 珍珠　　　　B. 琥珀　　　　C. 珊瑚　　　　D. 象牙

3. 根珀品种主要来自以下哪个产地（   ）
   A. 多米尼加　　　　B. 墨西哥　　　　C. 波罗的海　　　　D. 缅甸
4. 缅甸琥珀中最具有产地意义的特征包裹体是（   ）
   A. 红色的点状包裹体　　　　　　　　B. 流动纹
   C. 动植物包裹体　　　　　　　　　　D. 气液包裹体
5. 经过热处理和汽化处理的哥伦比亚柯巴树脂和婆罗洲柯巴树脂分别与哪两个产地的琥珀外观相似（   ）
   A. 多米尼加琥珀、缅甸琥珀　　　　　B. 波罗的海琥珀、缅甸琥珀
   C. 多米尼加琥珀、墨西哥琥珀　　　　D. 缅甸琥珀、墨西哥琥珀
6. 以下哪个不是染色琥珀的鉴别特征（   ）
   A. 颜色均匀自然　　B. 染色富集表面　　C. 缺陷处颜色富集　　D. 酒精擦拭掉色
7. 以下不属于琥珀优化处理方法的是（   ）
   A. 热处理　　　　　B. 染色处理　　　　C. 覆膜处理　　　　D. 扩散处理
8. 不属于琥珀热处理特征的是（   ）
   A. 折射率增加　　　　　　　　　　　B. 红外光谱吸收峰不发生变化
   C. 紫外荧光强度明显减弱　　　　　　D. 产生盘状裂隙
9. 琥珀覆膜处理的鉴定特征不包括（   ）
   A. 涂层破损处出现分层现象　　　　　B. 覆膜凹陷处光泽明亮
   C. 染料富集　　　D. 覆有色膜，在膜的瑕疵处可见到颜色富集现象
10. 以下不属于琥珀充填处理特征的是（   ）
    A. 透明度变低　　　　　　　　　　　B. 充填区光泽的差异
    C. 充填区可见包裹的气泡　　　　　　D. 琥珀空洞中可见胶状充填物

（二）填空题

1. 琥珀形成的条件包括＿＿＿＿＿＿＿＿、＿＿＿＿＿＿＿＿。
2. 琥珀的演化过程为＿＿＿＿＿＿＿＿、＿＿＿＿＿＿＿＿、＿＿＿＿＿＿＿＿、＿＿＿＿＿＿＿＿。
3. 琥珀依据成因分类分为＿＿＿＿＿＿＿＿、＿＿＿＿＿＿＿＿。
4. 琥珀的主要化学元素为＿＿＿＿＿＿＿＿、＿＿＿＿＿＿＿＿、＿＿＿＿＿＿＿＿。
5. 具有跳色现象的琥珀主要产自＿＿＿＿＿＿＿＿＿＿＿＿＿＿。

（三）判断题

1. 琥珀不溶于酒精，柯巴树脂易溶于酒精。　　　　　　　　　　　　　　（   ）
2. 压制琥珀在显微镜下观察可见碎块状结构。　　　　　　　　　　　　　（   ）
3. 人造树脂仿琥珀中可以观察到生动的动植物包裹体。　　　　　　　　　（   ）
4. 白蜜由于含有大量的气泡（挥发分）可以漂浮在水上。　　　　　　　　（   ）
5. 染色琥珀放大观察能够观察到表面颜色富集、并用酒精擦拭掉色。　　　（   ）

十二、实习记录

观察标本并将观察到的现象仔细记录于表 1-7 中，需要观察的标本有天然琥珀（缅甸、波罗的海、墨西哥、多米尼加、中国抚顺）、优化处理琥珀（热处理-净化处理/爆花处理/烤色处理/汽化处理，辐照处理，染色处理，充填处理，覆膜处理，拼合处理等）、特殊光学效应琥珀（多米尼加蓝珀、缅甸金蓝珀、墨西哥蓝珀）、再造琥珀、琥珀仿制品（柯巴树脂、塑料仿琥珀）、琥珀原石（俄罗斯琥珀、乌克兰琥珀、多米尼加琥珀、中国抚顺琥珀等）。

表 1-7 实习一记录表

编号	宝石名称	颜色	光泽、透明度	形状	内外部特征	特殊光学效应

续表 1-7

编号	宝石名称	颜色	光泽、透明度	形状	内外部特征	特殊光学效应

续表 1-7

编号	宝石名称	颜色	光泽、透明度	形状	内外部特征	特殊光学效应

续表 1-7

编号	宝石名称	颜色	光泽、透明度	形状	内外部特征	特殊光学效应

实习二　珍珠的鉴定

一、实习目的

掌握珍珠的鉴定特征（淡水、海水、染色及仿制品）。

二、实习重点

（1）理解珍珠的概念、分类、分布、历史与文化，掌握养殖珍珠的化学成分、宝石学特征和珍珠的鉴别，熟练掌握珍珠的优化处理工艺及其鉴别，以及珍珠的品质评价。
（2）重点：珍珠宝石学特征，淡水与海水的鉴别、优化处理珍珠的鉴别。
（3）难点：染色珍珠的鉴别。

三、实习内容

（1）掌握淡水无核珍珠的鉴定特征（形态、颜色、光泽、瑕疵等表面特征）。
（2）掌握淡水有核珍珠的鉴定特征（形态、颜色、二元结构、光泽、瑕疵等表面特征）。
（3）掌握海水珍珠的鉴定特征（形态、颜色、结构、光泽、瑕疵等表面特征）。
（4）掌握染色珍珠、辐照珍珠、仿制品与天然珍珠的区别（形态、光泽、颜色分布特征、结构、紫外荧光等）。

四、实习方法

（1）肉眼观察珍珠的形态、大小、晕彩光泽、颜色分布。
（2）利用宝石显微镜（反射光）仔细观察珍珠的表面特征（叠瓦层结构、瑕疵特征）、仿制品的表面特征（无生长结构），从孔洞处观察珍珠的核层结构（有核、无核、核染色、仿珍珠）等。
（3）利用荧光灯观察不同颜色珍珠（海水、淡水、染色、辐照、仿制品）荧光特征。

五、珍珠概述

根据成因将珍珠分为天然珍珠和养殖珍珠。

（一）天然珍珠

天然珍珠是在贝类或蚌类等动物体内，不经人为因素，自然形成（野生的）的分泌物。

它们由碳酸钙（主要为文石）、有机质（主要为贝壳硬蛋白）和水等组成，呈同心层状或同心层放射状结构，具珍珠光泽。

根据生长环境不同可将天然珍珠分为天然海水珍珠和天然淡水珍珠。在海水中产出的天然珍珠为天然海水珍珠。在淡水中产出的天然珍珠为天然淡水珍珠。多小、形歪、个大、有特色的天然珍珠属于有行无市，拍卖会上流通。

（二）养殖珍珠

养殖珍珠在贝类或蚌类等动物体内，人工干预下珍珠质的形成物，呈同心层状或同心层放射状结构，由碳酸钙（主要为文石）、有机质（主要为贝壳硬蛋白）和水等组成。对于养殖珍珠，珍珠层是由活着的软体动物的分泌物形成的。根据《珠宝玉石 名称》（GB/T 16552—2017），"养殖珍珠"可简称为"珍珠"。

人工干预只是为了开始这一过程（插核、插片）。

根据水域不同可将珍珠分为海水和淡水珍珠。

根据有无珠核可将珍珠分为有核珍珠和无核珍珠。

根据是否附壳可将珍珠分为游离型珍珠和附壳型珍珠。

1. 海水养殖珍珠

在海水中贝类等软体动物体内形成的养殖珍珠称为海水养殖珍珠，一般简称为海水珍珠。

海水珍珠常见白色、金色、银灰色、黑色等，一般正圆，少部分椭圆。根据贝种类别不同可划分为不同的子类型：马氏珠母贝海水珍珠、白蝶贝海水珍珠、黑蝶贝海水珍珠、企鹅贝海水珍珠等。

1）马氏珠母贝珍珠

马氏珠母贝属暖海性品种，生长在较宽敞的外海性海湾和自低潮线至 10m 水深的海域，适温 10～35℃，在泥沙混有石砾及碎屑底质上生长。体型小，90%海水养殖属于此贝（产 akoya 珍珠的贝，akoya 是马氏珠母贝日文的译音）。壳为黄褐色，前耳突起，后耳大，足丝细软成束，绞合部平直。寿命 11～12 年，主要分布在委内瑞拉、斯里兰卡和中国的广东大亚湾、大鹏湾及广西北部湾，产合浦珠。养殖的珍珠正圆或异形，$d=5～8mm$。

2）大珠母贝珍珠

大珠母贝是珍珠养殖母贝中最大，俗称白蝶贝，可孕育大的海水珍珠。贝壳大而坚厚，体形似蝶，后耳较前耳大，基本无足丝。壳面为黄（棕）褐色，壳内为银白色。闭壳肌痕大。壳高 25～30cm（马氏珠母贝的 6～8 倍），体重 2～5kg（马氏珠母贝的 30 倍）。主要分布在菲律宾以南的印度洋-太平洋海域，例如，澳大利亚、菲律宾、马来西亚等热带沿岸，中国分布在海南和雷州半岛。

3）黑蝶贝珍珠

黑蝶贝面为黑色或黑褐色，个体比马氏贝大。壳高 10～15cm，体型大，足丝发达且粗而硬，成束，壳内面银白色，边缘暗灰。90％以上产于法属的大溪地、海南岛等地。产黑色系列珍珠，以黑色为主，可见其他伴色，正圆，可有异形，一般直径在9mm以上，8～18mm。

2. 淡水养殖珍珠

在淡水中蚌类生物体内形成的养殖珍珠（图2-1）。颜色常见为白、粉、橘、紫等。淡水无核珍珠形态正圆少见，大部分不圆，椭圆、扁圆、米形、腰线形、异形等，根据蚌种类别不同可划分为不同的子类型：三角帆蚌淡水养殖珍珠、褶纹冠蚌淡水养殖珍珠、背角无齿蚌淡水养殖珍珠。

图2-1　淡水有核养殖珍珠（吉尔德，2023）

1) 三角帆蚌珍珠

三角帆蚌壳大扁平，呈不等边三角形，后背缘形成帆状后翼，为中国特有品种，遍布华北地区、长江中下游、东南地区等，湖泊及河流内，产量大，育珠质量好，是淡水珍珠的主要品种，占淡水珍珠市场的95％。

2) 褶纹冠蚌珍珠

褶纹冠蚌壳薄呈不等边三角形，前背缘小，后背斜向伸展成大冠状，壳背自顶向后有渐次粗大纵肋。壳面为深黄绿—黑色，育珠质量次于三角帆蚌，珍珠表面多皱纹，生长快。在日本、俄罗斯、越南及我国广泛分布。

3) 附壳养殖珍珠

在海水珠母贝的壳体内侧或淡水河蚌的壳体内侧特意植入半球形或3/4球形等非球形珠核生成的养殖珍珠称为附壳养殖珍珠。珠核扁平面一侧常连附于贝壳上。

4) 海螺珍珠

产于加勒比海的粉红色大海螺体内。粉红色，质优通常为椭圆状，两侧对称表面有火焰状结构。

5) 鲍鱼珍珠

在鲍鱼体内生产的珍珠称为鲍鱼珍珠,其颜色艳丽,有变彩效应(绿、蓝、粉、红、黄色组合),形态不一,极少数对称,外观多为喇叭状、牙齿状,质优的价值很高。产地为新西兰、美国加州、墨西哥、日本、韩国。

六、珍珠的宝石学特征

(一)宝石学参数(表2-1)

表2-1 珍珠的基本特征

主要组成矿物		文石、方解石、球文石等
化学成分		由无机成分(主要为$CaCO_3$,质量分数占91%以上)、有机成分(硬蛋白质,质量分数占3.5%～7%)和水三部分组成,还含有微量元素P、Na、K、Mg、Mn、Sr、Cu、Pb、Fe等十多种
核心		无核珍珠核心为贝、蚌的外套膜,有核珍珠核心常为贝壳
结晶状态		隐晶质非均质集合体
横断面结构		珍珠层都呈同心层状或同心层放射状结构
形状		淡水珍珠:圆形、水滴形、椭圆形、异形、连体异形、馒头状等各种形状; 海水珍珠:一般较圆,可有水滴形、椭圆形、异形等形状
光学特征	光泽	珍珠光泽
	颜色(体色)	淡水珍珠:白色、橙色、紫色、粉色; 海水珍珠:白色、金黄色、灰色、黑色(图2-2)
	特殊光学效应	伴色:红色、绿色、紫色、蓝色等,白色、黑色的珍珠易观察到; 晕彩:漂浮的彩虹色,强光泽的珍珠表面易观察到(图2-3)
	折射率	天然珍珠的折射率一般为1.530～1.685; 珍珠的折射率为1.500～1.685,大多为1.53～1.56
力学特征	摩氏硬度	2.5～4.5
	韧度	高,约为方解石($CaCO_3$)的3000倍
	相对密度	2.61～2.85
特殊性质		遇酸起泡;过热燃烧变褐色;表面摩擦有砂感

(二)珍珠结构

珍珠结构由许多微细的同心薄层珠薄层堆积而成。文石晶体大小均匀、排列有序,结构致密,薄层间距6～20μm。文石呈近菱形的六边形晶片,像瓦片一样叠瓦状排列构成珍珠单层。有机质存在于文石片晶的空隙及单层之间(图2-4)。

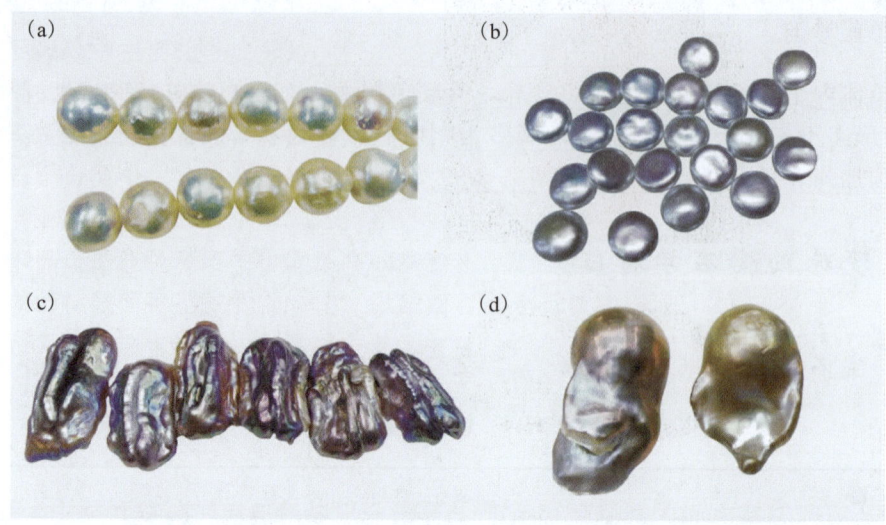

(a)(b) 白色淡水养殖珍珠的伴色；(c) 淡水无核养殖珍珠的晕彩；(d) 淡水有核养殖珍珠晕彩。

图 2-2　珍珠的特殊光学效应

(a) 海水珍珠的主要颜色；(b) 白色海水珍珠的伴色；(c) 黑色海水珍珠的伴色；(d) 海水珍珠大溪地；(e) 海水珍珠 akoya；(f) 海水珍珠澳白；(g) 海水珍珠金珠。

图 2-3　海水珍珠的颜色

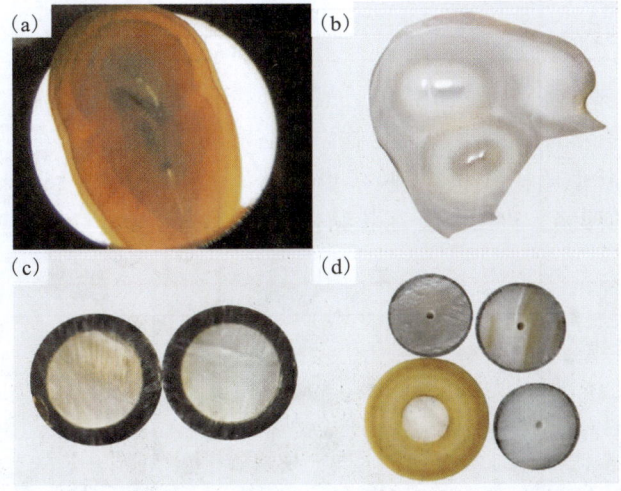

(a) 无核养殖珍珠珍珠层的同心层结构；(b) 无核养殖连体珍珠珍珠层的同心层结构；
(c)(d) 有核养殖珍珠的结构。

图 2-4　珍珠的结构

1. 珍珠层内部结构

海水有核珍珠的结构从外到内：珍珠层、棱柱层、硬蛋白质、核。淡水有核珍珠的二元结构是指核层状结构：珠核＋棱柱层交互生长，并夹杂暗色有机质，柱层厚度逐渐变薄直到消失（图 2-5）。

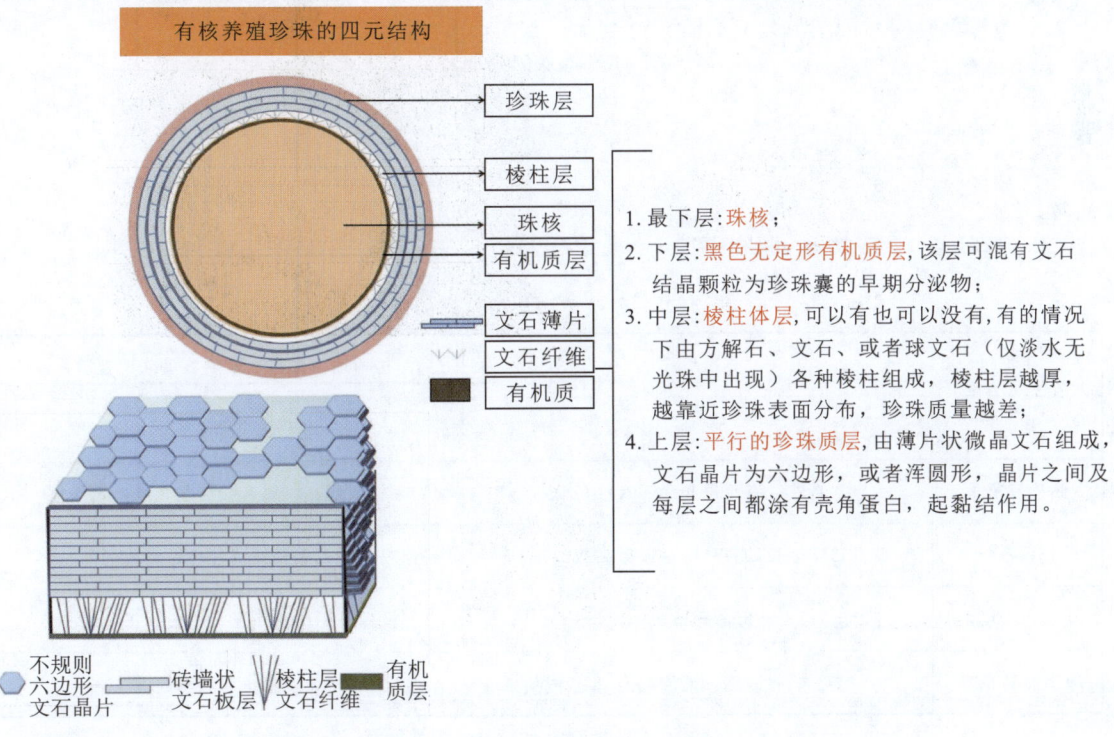

1. 最下层：珠核；
2. 下层：黑色无定形有机质层，该层可混有文石结晶颗粒为珍珠囊的早期分泌物；
3. 中层：棱柱体层，可以有也可以没有，有的情况下由方解石、文石、或者球文石（仅淡水无光珠中出现）各种棱柱组成，棱柱层越厚，越靠近珍珠表面分布，珍珠质量越差；
4. 上层：平行的珍珠质层，由薄片状微晶文石组成，文石晶片为六边形，或者浑圆形，晶片之间及每层之间都涂有壳角蛋白，起黏结作用。

图 2-5　有核养殖珍珠的内部结构

2. 珍珠的表面特征

珍珠表面经常出现许多瑕疵，如沟纹、瘤刺、斑点等（图2-6）。显微镜下观察可见覆盖珍珠的结晶物或含有珍珠层的小型板状物，呈各种形态的花纹（平行线状、平行层圈状、不规则条纹状、旋涡状似等高线状纹理），也有光滑无纹的。以及珍珠表面凸起（丘、包、勒腰等）、珍珠表面的凹陷、沟纹，叠瓦状结构、等高线状纹理。

(a) 凹坑与环带；(b) 无光斑点；(c) 凹坑；(d) 珍珠层的破损；(e) 珍珠层的皱起与破损（淡水有核养殖珍珠）；(f) 凸起、凹坑与环带。

图2-6 珍珠的表面特征

（三）珍珠的鉴别

1. 养殖珍珠与仿珍珠的鉴别（表2-2）

表2-2 养殖珍珠与仿珍珠的鉴别

名称	养殖珍珠	仿珍珠（塑料、玻璃、贝壳、覆膜）
形态	多种	正圆
颜色与光泽	自然，有珍珠光泽，有伴色	呆板、均一，缺乏彩虹般光泽，无伴色
表面特征	具珍珠生长的各种阶梯或等高线纹理	似鸡蛋壳表面特征，各种斑点或局部脱落
相对密度	2.60～2.85	据采用材料而异，一般小于珍珠
其他特征	有砂感，遇酸起泡	无砂感，遇酸不起泡

2. 淡水养殖珍珠与海水养殖珍珠的鉴别（表 2-3、图 2-7）

表 2-3　淡水养殖珍珠与海水养殖珍珠的鉴别

	海水养殖珍珠	淡水养殖珍珠
形状	圆形，其他形状少	圆形、椭圆、水滴形、不规则形等
表面特征	比较光滑，有微细纹理	多褶皱纹、勒腰、丘疹等各种表面纹理，光滑表面少见
结构	由珠核和珍珠层组成，强光照射可见具平行条纹的珠核	由中心空洞和珍珠层组成
颜色	白色、淡黄色、粉红色和黑色等	白色、黄色、粉红色、紫色、银灰色、黑色等，颜色比海水养殖珍珠丰富
相对密度	2.72～2.78	一般比海水珍珠小
X射线透射	由明亮的珠核和相对较暗的珍珠层组成，可显示珠核的平行条纹，中心为细小不规则空洞，外层为珍珠层	
拉曼光谱特征	两者的拉曼光谱具有相似的特征，都具有文石拉曼位移（$1085cm^{-1}$ 和 $703cm^{-1}$），白色和浅色珍珠相对简单，其他颜色珍珠大多出现复杂的拉曼位移，与所含的有机物有关	

(a) 染色淡水养殖珍珠剖面；(b) 黑色染色淡水养殖珍珠表面珍珠层脱落；(c) 染色海水养殖珍珠钻孔处特征；(d) 染色海水养殖珍珠钻孔处特征（显微镜下）。

图 2-7　养殖珍珠的特征

3. 珍珠与优化处理珍珠的鉴别

1）增光、漂白、增白

收获的原珠约90%因表面有大量的杂质和色素残留而导致颜色偏黄、发黄或有黑斑，在经过初步分选、打孔后，大多要经过漂白、增白及增光处理，一般处理步骤如下。

（1）预前处理：珍珠的预前处理包括分选、打孔、膨化、脱水、光照等环节。

（2）增光：光泽是衡量珍珠质量的重要指标。铝镁复合盐（TGP）在弱碱性条件下对珍珠进行增光作用。

（3）漂白：一般包括漂浸—清洗—换液—挑珠等环节。

（4）增白：漂白后仍有部分珍珠存在不同程度的杂色，往往要对珍珠进行增白改善。通常采用荧光增白剂。

（5）抛光。

漂白、增白和增光的检测一般比较困难。过度漂白的珍珠虽然颜色很白，但因为表面珍珠质被损坏，其光泽往往明显变弱。经过增白处理的珍珠在紫外线下通常有很强的蓝白色荧光。白色系珍珠基本都经过漂白和增白处理，根据国家标准《珠宝玉石 名称》（GB/T 16552—2017），漂白和增白处理属于优化，无需公开，各种检测证书都无需注明，与国际各大珠宝实验室或检测机构惯例一致。

2）染色

（1）染黑珍珠。

①外观：染黑珍珠晕彩很强，海水黑珍珠多在9mm以上，染黑的珍珠主要为淡水珠，一般小于9mm。

②表面特征及内部特征：表面常有强干涉色晕圈，剖面垂向上珍珠层颜色不均。

③色剂聚集现象：染料呈斑点状在瑕疵处或裂隙中富集，孔眼附近颜色浓集。

（2）染色金珠。

①浅层染色：通常金珠表层厚约15μm（通常<20μm）。

②紫外可见光呈现2组特征的吸收谱带，一组位于420nm处，与染色剂有关；另一组则位于紫外区360nm，为自身有机致色因子所致。

③深层染色：金珠表层厚50~80μm。

④着色均匀的金黄色渗色层，由人工染色剂致特征吸收谱带，主要位于可见光蓝紫区426nm处，具有重要的鉴定意义。

（3）染色巧克力珠。

成因1：塔希提棕黑色珍珠内存在的钾色素蛋白经热变异作用所致。

成因2：染黑色再褪色。

①多数巧克力珍珠样品内发育同心色带结构，且着色外浅、内深（褪色处理）。

②深浅不一的棕红色、褐色色斑和灰白色色斑沿珍珠层表面相间无序分布（染色处理）。

③化学成分以相对富Cu和Pb、贫K为特征。

④1371cm^{-1}、1594cm^{-1}为染色的拉曼谱峰。664cm^{-1}处的拉曼谱峰随之消失或减弱。

（4）核染色海水珠。

颜色仅在内核表面，荧光不同于养殖珍珠，核染色珍珠的主要特点如下：

①采用有色生物营养液在置核前对核进行染色，主要有玫瑰红色、灰蓝绿色、金黄色、银灰色等。

②核外珍珠层为正常颜色，透明，颜色是透出来的，没有表面染色证据。

③强光下可见核的平行层，紫外光下有明显荧光。

④拉曼光谱没有染色剂的特征峰。

（5）染色珍珠鉴定特征小结。

①染色主要是染黑色与金色，若为淡水染色珍珠可从形态与疵瑕特点加以区分。

②表面特征：疵瑕处有颜色浓集现象及强干涉晕圈（染黑珍珠）。

③内部特征：打孔处可见颜色在核与珍珠层之间浓集，切面纵向颜色不均。

④天然的黑珍珠有红或暗红荧光，出现蓝白色荧光应引起怀疑。

⑤染色珍珠用稀硝酸擦拭有时显褪色现象，目前大多情况无此现象。

⑥拉曼光谱会有染色剂的峰，而不是天然有机物的谱峰。硝酸银染色的还可以测试到银的存在。

3）辐照珍珠的鉴定特征

电子加速器（β射线）和γ射线使淡水珠变成黑色珠；海水珠只因核变黑而略显灰色。

①颜色分布特征：辐照改色珍珠的表面颜色分布均匀。辐照海水有核珍珠的核比外层的珍珠层颜色深（图2-8）。

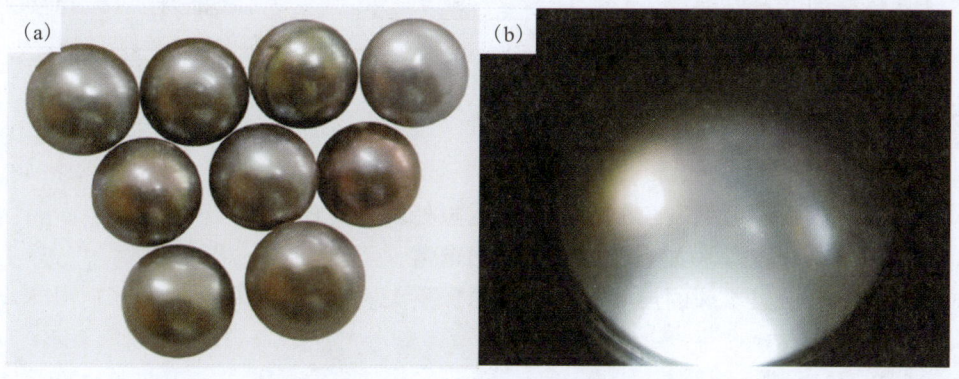

(a) 辐照淡水养殖珍珠；(b) 辐照淡水养殖珍珠（显微镜下）。

图 2-8 辐照淡水养殖珍珠

②内部特征：龟裂的内珍珠层。

③拉曼光谱特征：辐照珍珠有标准的文石谱，没有其他伴生峰。

七、习题

(一) 选择题

1. 有核珍珠的二元结构是指（　　）
 A. 同心环状结构　　　　　　　　　B. 同心放射状结构
 C. 核层状结构　　　　　　　　　　D. 平行层状结构
2. 关于淡水珍珠和海水珍珠，以下哪种说法不对（　　）
 A. 淡水珍珠密度一般比海水珍珠密度小
 B. 相比淡水珍珠，海水珍珠表面容易出现比较光滑，有微细纹理
 C. X 射线荧光光谱特征中海水珍珠贫 Mn 富 Sr
 D. 淡水珍珠阴极不发光
3. 珍珠的结构是（　　）
 A. 同心层状结构　　B. 纤维交织结构　　C. 粒状结构　　D. 柱状结构
4. 下列可用作珍珠仿制品的包括（　　）
 A. 塑料珠　　　　　B. 空心玻璃珠　　　C. 贝壳珠　　　D. 实心玻璃珠

(二) 填空题

1. 珍珠的颜色由 ＿＿＿＿＿＿＿、＿＿＿＿＿＿＿、＿＿＿＿＿＿＿ 共同组成。
2. 天然珍珠的文石层呈 ＿＿＿＿＿＿＿＿＿＿＿＿＿＿＿＿ 状排列。
3. 珍珠的四元结构是指 ＿＿＿＿＿＿＿、＿＿＿＿＿＿＿、＿＿＿＿＿＿＿、
＿＿＿＿＿＿＿。

(三) 判断题

1. 染色珍珠表面均可见颜色分布不均或孔隙处聚集的现象。　　　　　　（　　）
2. 淡水养殖珍珠较海水养殖珍珠颜色更加丰富。　　　　　　　　　　　（　　）
3. 通常天然海水黑珍珠的尺寸较染色黑珍珠更大。　　　　　　　　　　（　　）

八、实习记录

观察标本并将观察到的现象仔细记录于表 2-4，需要观察的标本有海水珍珠（包括 Akoya 等）、淡水珍珠（有核爱迪生珍珠、无核珠）、仿珍珠（塑料珠、贝壳珠）、优化处理珍珠（染色珍珠、辐照珍珠）等。

表 2-4　实习二记录表

编号	宝石名称	颜色	光泽、透明度	形状	内外部特征	特殊光学效应

续表 2-4

编号	宝石名称	颜色	光泽、透明度	形状	内外部特征	特殊光学效应

续表2-4

编号	宝石名称	颜色	光泽、透明度	形状	内外部特征	特殊光学效应

续表 2-4

编号	宝石名称	颜色	光泽、透明度	形状	内外部特征	特殊光学效应

实习三　珊瑚的鉴定

一、实习目的

掌握各类珊瑚、优化处理品及仿制品的鉴别特征。

二、实习重点

(1) 理解珊瑚的概念、形成过程、历史与文化、珊瑚的品种与产地，掌握珊瑚的宝石学特征（结构特征）、优化处理，熟悉珊瑚的品种及珊瑚的质量评价。
(2) 重点：珊瑚的宝石学特征（结构特征）、优化处理及其鉴别特征。
(3) 难点：珊瑚品种划分的依据。

三、实习内容

(1) 掌握不同品种珊瑚的鉴定特征（颜色、形态及结构特征）。
(2) 掌握染色竹节珊瑚与天然珊瑚的区别（色剂富集、蜂窝结构）。

四、实习方法

(1) 观察珊瑚的形态、颜色分布、表面特征（孔洞、瘤刺、凸起等生长瑕疵）。
(2) 利用宝石显微镜（反射光）仔细观察珊瑚横截面和纵截面特征（同心放射状结构、平行纵条纹、瑕疵特征）、光泽差异、仿制品的表面特征等。
(3) 利用荧光灯观察不同颜色、不同品种珊瑚、优化处理珊瑚及仿制品的荧光特征。

五、珊瑚概述

珊瑚是一种低等海洋腔肠动物珊瑚虫分泌的以钙质为主的堆积物形成的骨骼，一般指中轴骨。英文名称 Coral，属于生物学红珊瑚属（*Corallium*）。印度洋-太平洋区有 23 种，地中海-大西洋区有 6 种。常见三大类地名称呼：（地中海）红珊瑚、日本红珊瑚、台湾珊瑚。

六、红珊瑚产地及特征（表3-1）

表3-1 红珊瑚的产地及特征

商业名称	品种	颜色	海域及捕捞深度
沙丁红珊瑚	红珊瑚	正红色	地中海水深50m
阿卡红珊瑚	日本红珊瑚	暗红色—深红色	日本到冲绳群岛水深250m
摩摩红珊瑚	瘦长红珊瑚	红色偏橙色，带有明显的斑纹；不同粉色调	从冲绳到菲律宾水深250m
白珊瑚	皮滑红珊瑚	白色；白色带有红色或粉色的斑点	从冲绳到菲律宾水深100m
中途岛红珊瑚	巧红珊瑚	白色，带有斑点的粉红色；浅粉红色	中途岛群岛水深350m
深海红珊瑚	未分种属	亮粉色带有明显的红色斑纹	从夏威夷群岛到天皇海山，水深800m以上

七、珊瑚的宝石学特征

（一）宝石学参数（表3-2）

表3-2 珊瑚的基本特征

化学成分		钙质珊瑚：主要由无机成分（$CaCO_3$）和有机成分等组成； 角质珊瑚：几乎全部由有机成分组成
结晶状态		钙质珊瑚：无机成分为隐晶质集合体，有机成分为非晶质； 角质珊瑚：非晶质
结构		钙质珊瑚：树枝状、横截面同心环状、蛛网状； 角质珊瑚：树枝状，横截面同心环状、蛛网状
光学特征	颜色	钙质珊瑚：浅粉红色至深红色，橙色、白色及奶油色，蓝色； 角质珊瑚：黑色，金黄色至黄褐色（图3-1）
	光泽	蜡状光泽—玻璃光泽
	透明度	半透明—不透明
	紫外荧光	紫外灯下可呈弱—强蓝白色荧光或紫蓝色荧光
力学特征	摩氏硬度	3~4
	韧度	高
	相对密度	1.30~7.00
表面特征		钙质珊瑚：颜色和透明度稍有不同的平行条带，波状构造； 角质珊瑚：横截面年轮状构造，呈同心环状，珊瑚原枝纵面表层具丘疹状外观（图3-2）
其他特征		钙质珊瑚：遇盐酸起泡，遇高温火焰会变黑； 角质珊瑚：加热时可有蛋白质烧焦的气味

图 3-1 不同颜色的珊瑚

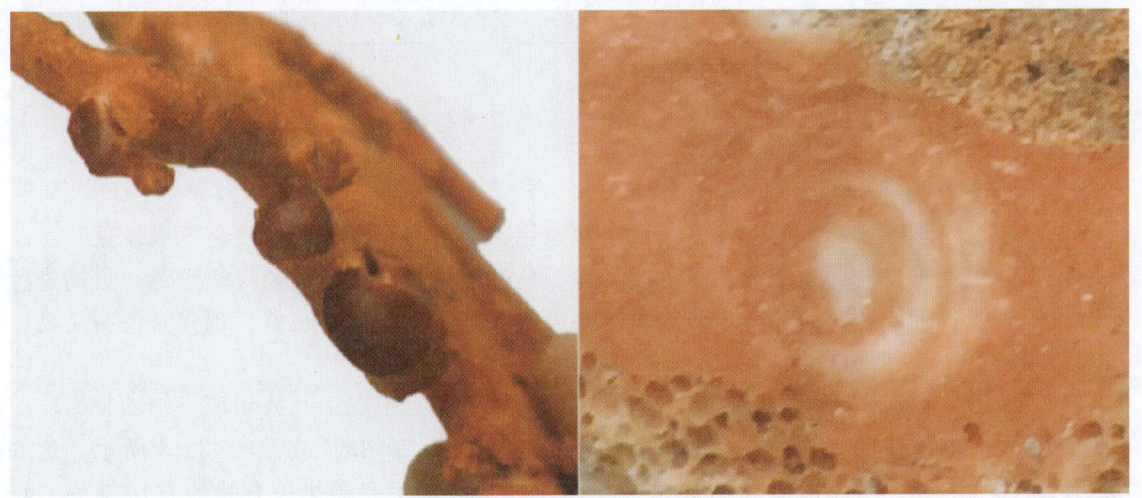

图 3-2 珊瑚横截面的白心和同心环状结构

（二）红珊瑚的结构

①二元结构：横截面上的颜色不均匀，通常中心为白色，周围是红色。

②圈射结构：因脊-槽而留下的放射状特征，横截面呈同心圆状和放射状条纹。圈层是层状生长的不同时期的变化。

③脊-槽结构：纵截面珊瑚虫腔体表现为平行波纹状条纹，这些条纹由突起的脊和凹陷的槽组成，脊间距大致是相等的。

④丘状结构：由生物加快分泌速度，成分堆积而成。

⑤非正常结构：生病、外来物种侵入结构。

珊瑚横截面显示生长中心、辐射线、同心环三大特征。

生长中心：小的区域，非原点，非圆形切面中心。

辐射纹：从生长中心呈放射状分布的暗条纹。两条相邻辐射纹的间距随横截面直径变大而增大，当间距达到一定范围时，就会在两条辐射纹中新增一条辐射纹。因此，内部的辐射纹和外部的辐射纹经常是不连续的。

同心环：围绕生长中心向外形成的环状生长。

八、珊瑚与相似品的鉴别（表3-3）

表3-3　珊瑚与相似品的鉴别

	颜色	光泽	折射率	密度 g/cm³	主要鉴定特征
红珊瑚	红色	蜡状光泽	1.48～1.65	2.70	平行条纹、同心圈层、放射状结构；颜色不均匀，并与生长结构相关；虫穴凹坑，遇酸起泡
染色骨制品	红色	蜡状光泽	1.54	1.70～1.95	颜色表里不一，片状结构，具骨髓、渠眼等特征，遇酸不起泡
染色大理岩	红色	玻璃光泽	1.48～1.65	2.70	粒状结构，色沿粒间富集。遇酸起泡，擦拭掉色

九、珊瑚的优化处理及其鉴别

（1）漂白：珊瑚通常要用双氧水漂白去除杂色，还可将深色漂白成浅色（极少见）。

（2）染色：将白色珊瑚浸泡在红色或其他颜色的有机染料中染成相应的颜色。早期染色制品可用有机试剂检测其褪色现象或放大观察染剂在缺陷处的富集现象。现代染色制品需进一步鉴别其有机染剂的成分。

粗枝竹节珊瑚经常被用作仿制红珊瑚，在生物学分类上也属于八放珊瑚，中轴骨为乳白色，表面也具有明显的"脊-槽"结构。染色竹节珊瑚与红珊瑚的区别如表3-4所示。这种珊瑚的中轴骨直径比常见的红珊瑚要粗很多，而且某些部位有黑褐色有机质片层聚集的现象，如同竹节。珠宝市场上经常见到用这种珊瑚染成各种红色，仿天然红珊瑚的外观（图3-3）。

表3-4　染色竹珊瑚与红珊瑚的区别

	红珊瑚	染色竹节珊瑚
亚纲	八放珊瑚	八放珊瑚
中轴骨颜色	红色	白色
中轴骨直径	细	粗
颜色	均一	瑕疵处颜色富集
脊-槽结构	细腻，脊-槽间距相似，横截面呈致密放射状	疏松，脊-槽不等呈波浪状，横截面呈松散的蜂窝状
有机质	无	富集于空洞

实习三　珊瑚的鉴定

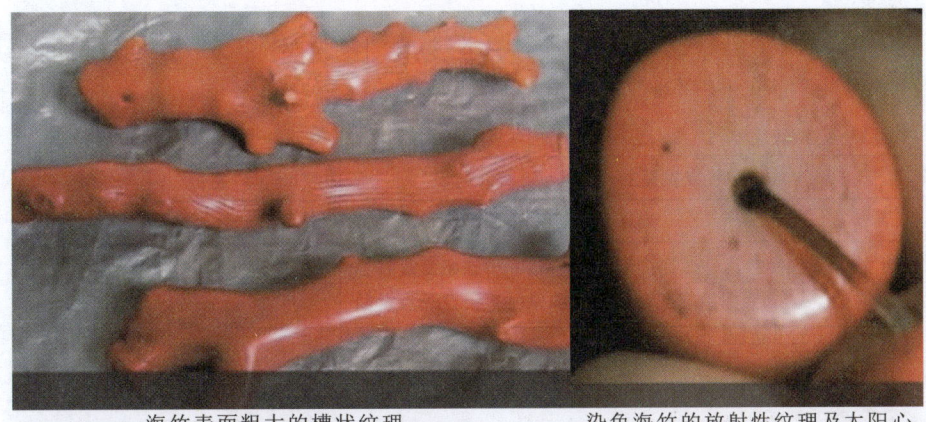

海竹表面粗大的槽状纹理　　　　　　　染色海竹的放射性纹理及太阳心

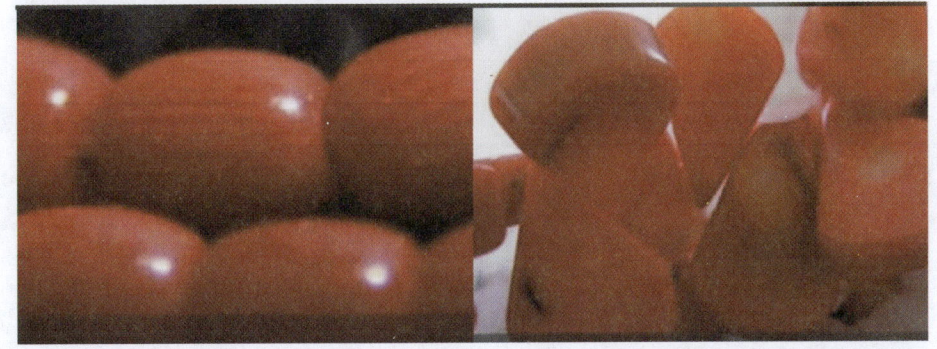

海竹竖纹较粗，且竖纹间距大　　　　　染色海竹的白芯都在截面中心

图3-3　染色竹节珊瑚的外观鉴别特征（陆冠亚，2009）

（3）充填处理：用无色蜡、红色蜡或树脂等材料充填珊瑚的空洞，以改善或改变珊瑚的外观的均匀程度。

（4）拼合处理：将小块珊瑚粘接成具有一定造型的工艺首饰或摆件，拼合珊瑚手镯往往内部有内衬。

十、习题

（一）选择题

1. 染色红珊瑚的鉴定特征不包括（　　）
A. 裂隙、凹坑处颜色浓集　　　　　　　B. 能够看到珊瑚中的白芯
C. 颜色浮于表面，看起来呆板　　　　　D. 用蘸有丙酮的棉签擦拭有染色剂
2. MOMO珊瑚的主要鉴定特征不包括（　　）
A. 透明度一般为不透明或透明度较低　　B. 一般具有白芯，红色部分均匀
C. 横截面具放射状结构　　　　　　　　D. 具有竹节状结构
3. 珊瑚的仿制品不包括以下哪一种（　　）
A. 骨制品　　　　B. 沙丁珊瑚　　　　C. 染色海竹　　　　D. 海绵珊瑚

(二) 填空题

1. 钙质珊瑚中主要化学成分是_____。
2. 珊瑚的横截面能够观察到的结构特征为_____。
3. 珊瑚按照成分的不同,可以分为_____、_____。
4. 宝石学分类中,角质型珊瑚主要包括_____、_____。

(三) 判断题

1. 阿卡珊瑚是红色珊瑚中价值最高的品种。   (   )
2. 珊瑚的横截面可见放射状结构、纵截面可见平行波状条纹。   (   )
3. 红色系列的阿卡珊瑚一般具有白芯。   (   )

十一、实习记录

观察标本并将观察到的现象仔细记录于表 3-5,需要观察的标本有红珊瑚(阿卡珊瑚、MOMO 珊瑚、沙丁珊瑚、粉红珊瑚等)、白珊瑚、黑珊瑚、金珊瑚、优化处理珊瑚(染色珊瑚、充填珊瑚等)、珊瑚仿制品(染色骨制品、草珊瑚、竹节珊瑚等)。

表 3-5 实习三记录表

编号	宝石名称	颜色	光泽、透明度	形状	内外部特征	特殊光学效应

续表 3-5

编号	宝石名称	颜色	光泽、透明度	形状	内外部特征	特殊光学效应

续表 3-5

编号	宝石名称	颜色	光泽、透明度	形状	内外部特征	特殊光学效应

续表 3-5

编号	宝石名称	颜色	光泽、透明度	形状	内外部特征	特殊光学效应

实习四　其他有机宝石品种的鉴定

一、实习目的

(1) 掌握象牙、猛犸象牙、玳瑁等其他有机宝石的鉴定特征。
(2) 象牙与猛犸象牙、煤精、玳瑁、贝壳、硅化珊瑚、硅化木等有机成因宝石的基本性质及其与相似品的区别。

二、实习重点

重点、难点：猛犸象牙、玳瑁的鉴别特征。

三、实习内容

(1) 掌握象牙的鉴定特征（形态及结构特征）。
(2) 掌握不同皮色的猛犸象牙的鉴定特征（形态及结构特征）。
(3) 掌握天然玳瑁、仿玳瑁的区别（内部红色斑点结构、形态）。
(4) 掌握其他有机宝石的鉴定特征（贝壳、煤晶、彩斑菊石）。

四、实习方法

(1) 利用宝石显微镜（反射光）仔细观察猛犸象牙的横截面和纵截面特征（同心层状结构、勒兹纹、纵截面平行条纹）；光泽差异；仿制品的表面特征等。
(2) 利用宝石显微镜观察天然贝壳、覆膜处理、染色处理贝壳的特征。
(3) 利用宝石显微镜观察玳瑁中的暗褐色、红色或黑色斑点，与仿制品（塑料、拼合、压制玳瑁）区别。

五、其他有机宝石品种概述

（一）象牙

象牙专指大象的前门牙。象牙作为装饰品源远流长，从古埃及到我国河姆渡文化中均有象牙的记载。我国各朝代的象牙制品，风格之鲜明，工艺之精湛，堪称世界一绝。象牙主要产于非洲，坦桑尼亚（潘加里附近）产的象牙最多，其次是亚洲的泰国、缅甸和斯里兰卡。我国法律已明确规定，严禁买卖象牙。

（二）煤精

煤精是植物遗体经成煤作用的产物，为低等植物和部分高等植物遗体组成的腐殖质与腐泥质的混合物。由一些藻类残体、木质素和纤维素及少量的角质层、小孢子等组成。

（三）玳瑁

玳瑁具有美丽的斑纹。半透明—微透明。韧性和加工性能好、具有装饰及药用。玳瑁寿命1500年，古今中外誉为吉祥、长寿珍宝。玳瑁龟一般长60～80cm，体大者可达100cm，体重50kg，背甲共有13块，叠瓦状排列，重约3kg。玳瑁龟主要是栖息在热带、亚热带水深15～18m海底的爬行动物，产地为印度洋太平洋和加勒比海。属于珍稀海洋动物，国家二级保护动物。

（四）贝壳

贝壳的化学成分主要为无机成分及少量的有机成分，无机成分主要为文石、方解石。壳层由表壳层（介壳质组成）、中间层（晶质碳酸钙，通常方解石）和柱棱体组成，并有介壳质粘接。这两层都是外套膜边部的细胞分泌的。珍珠质层（地层）由叠覆的文石片组成，并由介壳质粘接。它是由外套膜全部的外表面分泌的，并在软体动物存活期间随时间增厚。又称为珠母质。晕彩：是光从珍珠层反射时发生干涉效应的结果。

（五）硅化珊瑚

硅化珊瑚也称珊瑚化石、珊瑚玉、菊花玉，指古老的珊瑚遗骸经过地质作用，通过交代充填硅化而形成的珊瑚化石。珊瑚本身的形貌和纹理大都被完整地保留下来。有些受替代作用呈玉髓化现象。用作宝石的珊瑚化石的主要成分为SiO，产地为印度尼西亚、中国台湾。

（六）硅化木

硅化木，又称木化石，是远古树木的遗骸经过长期的化学元素替换过程（特指硅化过程）而形成的化石。生物以木质树的植物形式在地球上出现已久，遍及世界各角落，其中以松柏木的硅化木为多。

（七）彩色菊石

彩斑菊石是一种具有晕彩效应的菊石化石。菊石是软体动物门头足纲的一个亚纲，是已绝灭的海生无脊椎动物，生存于中奥陶世至晚白垩世。它最早出现在距今约4亿年古生代泥盆纪初期，繁盛于距今约2.25亿年，广泛分布于世界各地中生代的三叠纪海洋中，在距今约6500万年白垩纪末期与恐龙同期绝迹。菊石通常分为9目、约80个超科、约280个科和约2000个属，以及许多种和亚种等。菊石与鹦鹉螺的形状相似，运动的器官在头部，体外有一个硬壳。

（八）犀牛角

犀牛角为犀科动物的角，主要由动物蛋白纤维角质素组成，内部为实心。

六、宝石学特征

（一）象牙（表4-1、图4-1、图4-2）

表4-1 象牙的基本特征

主要组成矿物		羟基磷酸钙
化学成分		主要组成为磷酸钙、胶原质和弹性蛋白。 猛犸象牙部分至全部石化，除磷酸钙、胶原质和弹性蛋白外，可有 SiO_2
结晶状态		隐晶质非均质集合体
结构		同心层状生长结构
光学特征	颜色	白色至淡黄色、浅黄色
	光泽	油脂光泽—蜡状光泽
	透明度	半透明—不透明
	紫外荧光	紫外灯下呈弱至强蓝白色荧光或紫蓝色荧光
力学特征	摩氏硬度	2～3
	韧度	高
	相对密度	1.70～2.00
表面特征		象牙纵表面为波状结构纹，横截面为引擎纹效应
加工类型		手镯、珠子、弧面、雕刻件

图4-1 象牙制品

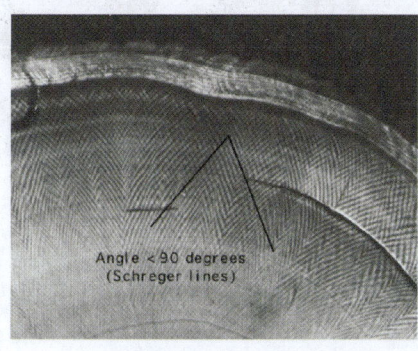 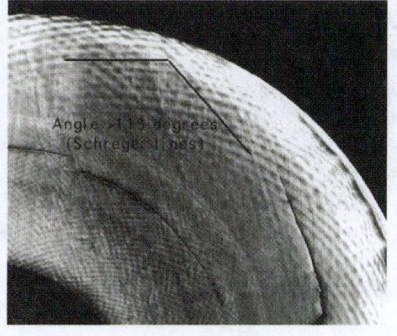

图4-2 猛犸象牙（左）与象牙（右）的粗勒兹纹层夹角

（二）煤精（表4-2、图4-3、图4-4）

表4-2　煤精的基本特征

化学成分		C为主，含有一些H、O
结晶状态		非晶质体，常呈集合体
结构		常呈致密块状
光学特征	颜色	黑色和褐黑色；条痕为褐色
	光泽	抛光面呈树脂光泽—玻璃光泽
	折射率	1.66
	紫外荧光	一般无
力学特征	摩氏硬度	2～4
	解理	无，具有贝壳状断口
	韧性	较脆，刀切会产生缺口和粉末
	相对密度	1.32
显微观察		条纹构造，可呈似层状、不规则条带或细脉状、透镜状等，且可有腐殖质充填其中；还可有少量围岩碎屑矿物
电学性质		用力摩擦可带电
热学性质		煤精可燃烧，烧后有煤烟味； 用热针尖接触，可发出燃烧煤炭的气味； 加热到100～200℃时质地变软，并可弯曲
酸溶性		酸可使其表面发暗

图4-3　煤精

实习四 其他有机宝石品种的鉴定

图4-4 煤精的断口与光泽（左）；煤精相似品（黑曜石）的断口与光泽（右）

（三）玳瑁（表4-3、图4-5）

表4-3 玳瑁的基本特征

化学成分		全部由有机质组成，包括蛋白质和角蛋白； 主要成分为 C（55%）、O（20%）、N（16%）、H（6%）和 S（2%）等
结晶状态		非晶质体
结构		典型的层状结构
光学特征	颜色	典型的黄色和棕色斑纹，有时见黑色或白色
	光泽	油脂—蜡状光泽
	折射率	1.550（±0.010）
	紫外荧光	长、短波下无色，黄色部分呈蓝白色荧光
力学特征	摩氏硬度	2~3
	韧度	好
	断口	不平坦至裂片状断口
	相对密度	1.29
特殊性质		可溶于硝酸，但不与盐酸反应； 热针能使龟甲熔化，发出头发烧焦味，在沸水中龟甲会变软，受高温颜色会变暗
显微观察		可见球状颗粒组成斑纹结构，即色斑由微小的圆形色素小点组成

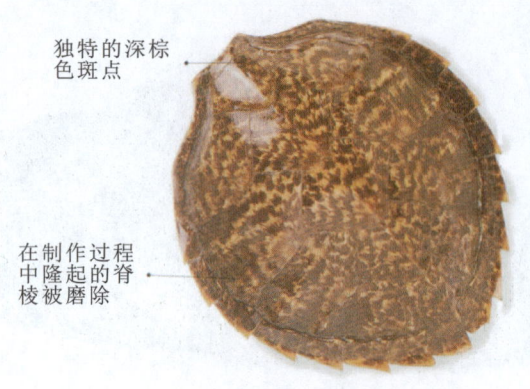

- 独特的深棕色斑点
- 在制作过程中隆起的脊棱被磨除

龟甲（玳瑁背甲）

图 4-5　玳瑁（左）和玳瑁龟（右）

（四）贝壳（表 4-4、图 4-6）

表 4-4　贝壳的基本特征

化学成分		$CaCO_3$，有机成分：碳氢化合物、壳角蛋白
结晶状态		无机成分：斜方晶系（文石），三方晶系（方解石）；有机成分：非晶质
结构		层状结构或放射状结构
光学特征	颜色	可呈各种颜色，一般为白色、灰色、棕色、黄色、粉色等
	光泽	油脂光泽—珍珠光泽
	透明度	半透明
	特殊光学效应	可具晕彩效应，珍珠光泽
力学特征	摩氏硬度	3～4
	韧度	高
	相对密度	2.86
表面特征		层状结构，表面叠复层结构，"火焰状"结构等
加工类型		利用贝壳颜色分层等特点雕成浮雕等雕刻品；圆珠、弧面等；将贝壳磨成小片，拼合成各种工艺品

图 4-6 贝壳

（五）硅化珊瑚（表 4-5）

表 4-5 硅化珊瑚的基本特征

主要组成矿物		石英类
化学成分		SiO_2、H_2O 和碳氢化合物
结晶状态		隐晶质集合体至非晶质体
花纹类型		雪花纹、星点、卷纹、粗纹、细纹、虫体、虎皮、管状和单体珊瑚等
光学特征	颜色	浅至中深的褐黄色、红色、灰色和白色等
	光泽	抛光面具玻璃光泽
	折射率	1.54 或 1.53（点测法）
	紫外荧光	一般无
力学特征	摩氏硬度	7
	相对密度	2.50～2.91
显微观察		珊瑚的同心放射状结构；孔洞等

（六）硅化木（表4-6、图4-7）

表4-6 硅化木的基本特征

主要组成矿物		石英类
化学成分		SiO_2、H_2O和碳氢化合物
结晶状态		隐晶质集合体至非晶质体
结构		常呈纤维状集合体
光学特征	颜色	典型的黄色和棕色斑纹，或黑色、白色、灰色和红色等
	光泽	抛光面具玻璃光泽
	折射率	1.54或1.53（点测法）
	紫外荧光	一般无
力学特征	摩氏硬度	7
	相对密度	2.50～2.91
显微观察		木质纤维状结构，木纹

图4-7 硅化珊瑚（左）；硅化木（右）

（七）彩色菊石（表4-7、图4-8）

表4-7 彩色菊石的基本特征

主要组成矿物		文石、方解石、石英类、黄铁矿等
化学成分		无机成分：主要为 $CaCO_3$，有机质； 微量元素：Al、Ba、Cr、Cu、Mg、Mn、Sr、Fe、Ti、V 等
结晶状态		隐晶质非均质集合体
结构		典型的层状结构
光学特征	颜色	黄色、褐色至褐红色、黑色等
	特殊光学效应	晕彩主要为红色和绿色，可出现各种颜色
	光泽	油脂光泽—玻璃光泽
	折射率	1.52～1.68
	紫外荧光	一般无
力学特征	摩氏硬度	3.5～4.5
	韧度	高，为方解石（$CaCO_3$）的3000倍
	相对密度	2.60～2.85，常为2.70
特殊性质		遇酸起泡

 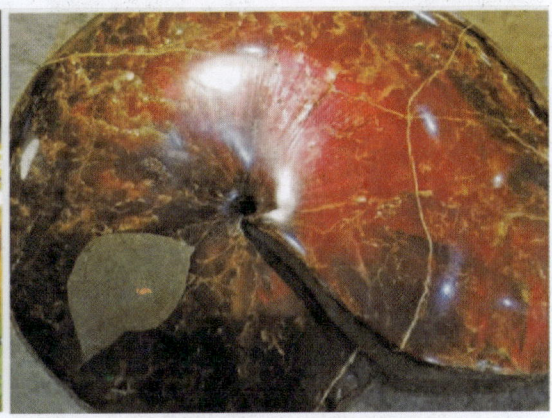

图4-8 彩斑菊石

（八）犀牛角（表4-8、图4-9、图4-10）

表4-8 犀牛角的基本特征

主要成分	角蛋白、胆固醇等
结构	"前实后空"：指向角尖去的部位为实心，指向鼻子或脑门的部位是空心； "同心环状"：横截面呈年轮状
颜色	黄色、褐色至褐红色、黑色等
光泽	树脂—油脂光泽
透明度	半透明—不透明
鉴定特征	纵面有平行的线状包裹体，互不粘连，定向弯曲呈椭圆扁锥形，也称"竹丝纹"；横截面可见丝状包裹体，为点状密集分布，类似芝麻点或鱼子

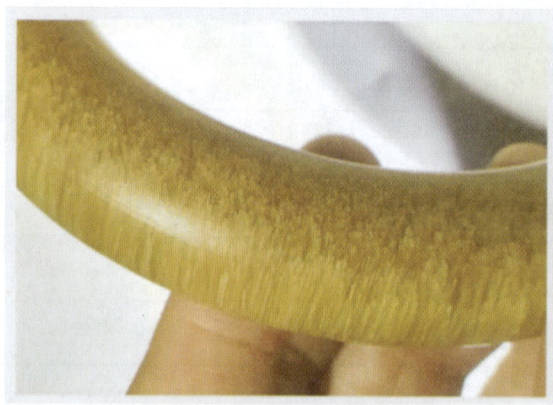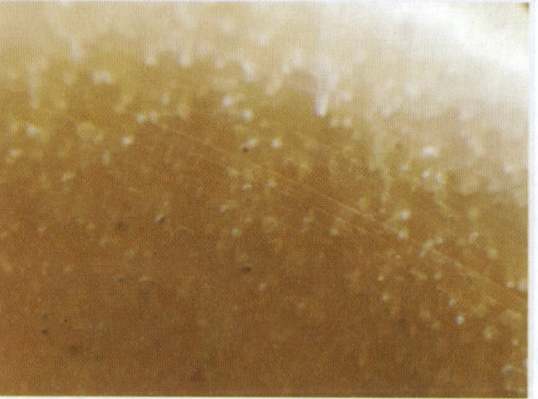

图4-9 犀牛角手镯外侧可见"竹丝纹"（左）和犀牛角手镯表面的"鱼子"（右，20×）

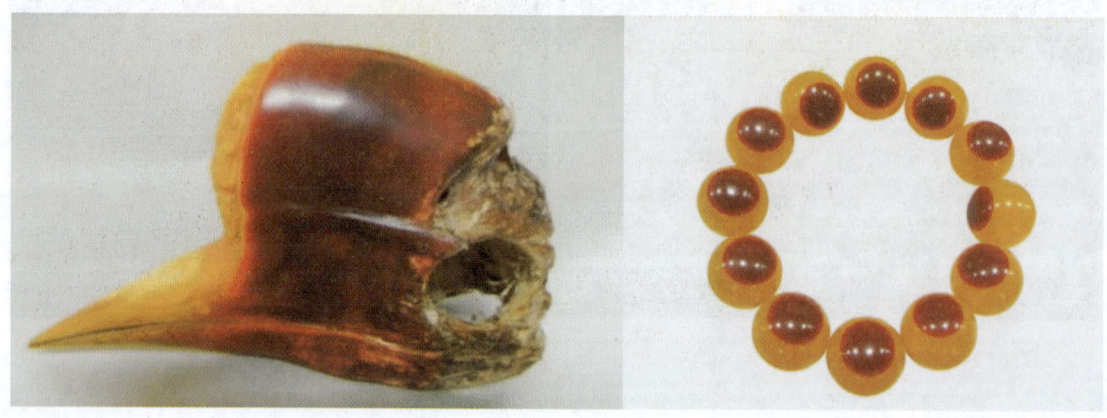

图4-10 天然盔犀鸟头胄（左）和人造树脂仿"鹤顶红"（右）

七、象牙与相似品的鉴别(表 4-9)

表 4-9 象牙与相似品的鉴别

品种	折射率	密度/g·cm^{-3}	主要鉴定特征
象牙	1.53~1.54	1.70~2.00	特征的"Retzius"纹和分层结构
河马牙	1.545	1.80~1.95	各种截面形态,中心空心,牙尖实心。具密集略呈波纹状的细同心圆结构,外层为厚的珐琅质,纵切面有短波纹
独角鲸牙	1.56	1.90~2.00	横截面中空或略带棱角的同心圆,纵切面可见平行且逐渐收敛的波状条纹
海象牙	1.55~1.57	1.90~2.00	横截面呈明显的两层结构(同心圆+髓体),并有空洞,纵切面为平缓的波纹状
骨粉制品	1.54	2.00	不见生长构造,通体结构均匀的粉末状和胶压制的结构
赛璐珞	1.49~1.52	1.35	整体外观均匀,仿制条纹一致,无特征的"Retzius"纹

八、玳瑁与相似品的鉴别(表 4-10、图 4-11)

表 4-10 玳瑁与相似品的鉴别

	玳瑁	塑料	拼合玳瑁	压制玳瑁
色斑	有不规则色斑与体色组成	颜色呈条带状;色带界线明显	色斑同玳瑁相似	颜色深,无通透斑纹
显微镜观察	许多红色点状颗粒	有铸模的痕迹可见气泡	有粘接痕迹及气泡	碎沫、碎片状
折射率(RI)	1.55	1.50~1.55	1.55	
相对密度(DS)	1.20	1.20~1.50		
与酸反应	与硝酸反应	不与酸反应	相似	与硝酸反应
燃烧	头发烧焦味	辛辣味	无气味	头发味

图 4-11 玳瑁(左)与塑料仿制品(右)的色斑与基体过度形态

九、习题

（一）选择题

1. 受石化程度影响，猛犸象牙红外光谱中（　　）较象牙强度更低
A. $1660cm^{-1}$ C—O 伸缩振动峰
B. $1560cm^{-1}$ C—H 伸缩振动
C. $1240cm^{-1}$ C—N 伸缩振动与 N—H 面内弯曲振动
D. $1456cm^{-1}$ C—H 弯曲振动

（二）填空题

1. 象牙的四层结构包括＿＿＿＿＿＿＿＿、＿＿＿＿＿＿＿＿、＿＿＿＿＿＿＿＿、＿＿＿＿＿＿＿＿。

2. 象牙的化学组成包括＿＿＿＿＿＿＿＿和＿＿＿＿＿＿＿＿两部分。有机质主要是胶原质和弹性蛋白。

3. 煤精是植物遗体经＿＿＿＿＿＿＿＿的产物，为低等植物和部分高等植物遗体组成的＿＿＿＿＿＿＿＿与＿＿＿＿＿＿＿＿的混合物。

（三）判断题

1. 玳瑁的颜色是均一的黄色或棕色。　　　　　　　　　　　　　　　（　　）
2. 玳瑁的色斑由许多红色圆形色素小点组成。色点越密集颜色越深。　（　　）
3. 贝壳的显微结构包括生成层、文石层、过渡层和柱状方解石层。　　（　　）

十、实习记录

观察标本并将观察到的现象仔细记录于表 4-11，需要观察的标本有猛犸象牙（不同厚度、不同颜色皮层）、玳瑁（天然及压制玳瑁）、贝壳（天然、鲍鱼壳、染色贝壳等）、煤精、牛角、硅化木。

表 4-11 实习四记录表

编号	宝石名称	颜色	光泽、透明度	形状	内外部特征	特殊光学效应

实习四 其他有机宝石品种的鉴定

续表 4-11

编号	宝石名称	颜色	光泽·透明度	形状	内外部特征	特殊光学效应

续表 4-11

编号	宝石名称	颜色	光泽、透明度	形状	内外部特征	特殊光学效应

续表 4-11

编号	宝石名称	颜色	光泽、透明度	形状	内外部特征	特殊光学效应

实习五　综合鉴定

一、实习目的

进一步掌握琥珀、珍珠、珊瑚及其他有机宝石（象牙、煤晶、贝壳、硅化珊瑚、硅化木、彩斑菊石、犀牛角）的鉴定特征。

二、实习内容

（1）不同品种琥珀、珍珠、珊瑚、象牙、玳瑁、贝壳等未知鉴定。
（2）不同品种仿制品与天然有机宝石的区别。

三、实习方法

（1）利用宝石显微镜、紫外荧光、偏光镜等常规方法观察不同类型有机宝石的特征。
（2）仔细严谨完成实习报告。

四、实习记录

观察标本并将观察到的现象仔细记录于表 5-1，需要观察的标本有不同品种有机宝石（琥珀、珍珠、珊瑚、猛犸象牙、玳瑁、贝壳等）及优化处理品和仿制品。

表 5-1　实习五记录表

编号	宝石名称	颜色	光泽、透明度	形状	内外部特征	特殊光学效应

续表 5-1

编号	宝石名称	颜色	光泽、透明度	形状	内外部特征	特殊光学效应

续表 5-1

编号	宝石名称	颜色	光泽、透明度	形状	内外部特征	特殊光学效应

续表 5-1

编号	宝石名称	颜色	光泽、透明度	形状	内外部特征	特殊光学效应

续表 5-1

编号	宝石名称	颜色	光泽、透明度	形状	内外部特征	特殊光学效应

续表 5-1

编号	宝石名称	颜色	光泽、透明度	形状	内外部特征	特殊光学效应

主要参考文献

代荔莉,施光海,袁野,等,2018.婆罗洲和马达加斯加柯巴树脂红外光谱特征及其与外观相似琥珀的快速鉴别[J].光谱学与光谱分析,38(7):2123-2131.

郭倩,徐志,2015.天然金珍珠和染色金珍珠的致色因素和鉴定分析方法研究进展[J].岩矿测试,34(5):512-519.

蒋东,2016.砗磲的宝石学特征研究[D].北京:中国地质大学(北京).

李佳蓉,李妍,武嘉欣,2024.6种不同产地柯巴树脂的谱学特征探究[J].岩石矿物学杂志,43(3):709-718.

李立平,徐翀,欧晓娅,2022.珍珠宝石学[M].武汉:中国地质大学出版社.

李立平,张军利,2001.鲍贝壳的宝石学特征及其晕彩成因分析[J].宝石和宝石学杂志(2):1-5,55.

李玉霖,狄敬如,2009.角质型金珊瑚与黑珊瑚的宝石学特征研究[J].宝石和宝石学杂志,11(2):15-19,4.

马宏彦,周欣红,周桃,2022.琥珀的优化和处理及仿制品鉴别[J].吉林地质,41(4):79-83.

王雅玫,2019.琥珀宝石学[M].武汉:中国地质大学出版社.

王雅玫,刘芳丽,胡贺文,等,2023a.琥珀热压处理新方法及鉴定特征[J].宝石和宝石学杂志(中英文),25(4):30-41.

王雅玫,谢忠萍,李佳蓉,等,2023b.自然老化与人工做旧老蜜蜡的宝石学鉴别特征[J].宝石和宝石学杂志(中英文),25(4):1-10.

魏巧坤,丘志力,2004.一种染色红珊瑚仿制品的宝石学特征及鉴定[J].宝石和宝石学杂志(1):24-26,49.

杨一萍,王雅玫,2010.琥珀与柯巴树脂的有机成分及其谱学特征综述[J].宝石和宝石学杂志(中英文),12(1):16-22.

赵增宝,张劲明,于佳,等,2024.染色金黄色海水珍珠的宝石学特征及鉴定[J].质量安全与检验检测,34(3):74-78.

LI S Y,LI Y,SHI G H,et al.,2024. Fluorescence characteristics and main fluorescence component in burmese "chameleon" amber[J]. Spectrochimica Acta Part A:Molecular and Biomolecular Spectroscopy,314(124201):1386-1425.

LI Y,FENG Y L,DU J F,et al.,2024. Spectral and chemical characterization of amber from Xixia,Henan Province,China via FTIR,three-dimensional fluorescence spectra and Py(HMDS)-GC-MS[J]. Heliyon,10(16):e35066.

SHI G H,DUTTA S,PAUL S,et al.,2014. Terpenoid compositions and botanical origins of late cretaceous and miocene amber from china[J]. Plos One,9(10):e111303.

SHI G H,GRIMALDI D A,HARLOW G E,et al.,2012. Age constraint on Burmese amber based on U-Pb dating of zircons[J]. Cretaceous Research,37:155-163.

WANG Y M,YANG M X,YANG Y P,2014. Experimental studies on the heat treatment of Baltic amber[J]. Gems & Gemology,50(2):142-150.

XIN C X,LI Y,WANG Y M,et al.,2021 Characterisation of Patchy Blue and Green Colouration in Dominican Blue Amber[J]. The Journal of Gemmology,37(7):702-715.

YANG J F, LI Y, LIANG Y Z, 2023. The special color effect in "chameleon" amber[J]. Gem & Gemology, 59(3):388-412.

ZHOU C, HOMKRAJAE A, HO J W Y, et al., 2012. Update on the Identification of Dye Treatment In Yellow or "Golden" Cultured Pearls[J]. Gems & Gemology, 48(4):284-291.